AQUARIUS

AQUARIUS

AQUARIUS

一些人物，
一些視野，
一些觀點，
與一個全新的遠景！

你好，我是接體員

大師兄——著

目錄

Chapter 1 菜鳥接體員

您好，我是殯儀館接體員，很高興為您服務！ 014
那具遺體跑去哪裡了？ 015
凶宅 017
鬼壓床 020
夜半鬼聲 023
蛆 025
躺冰櫃的體驗 029
進館 034
便利商店外的小妹妹 037
奶奶 038

Chapter 2 有故事的人

老司機 044

遺體修復師 050

殯儀館警衛 052

長老的畢業典禮 062

師父 068

Chapter 3 殯儀館怪談

人生百態 082

自殺或他殺 099

不一樣又怎樣（上）　103

不一樣又怎樣（下）　108

錯了　110

報應　115

霸凌　119

鬼來電　126

貓　128

割腕　134

墜樓　141

沒處理好　145

放下　147

套路不對　153

只有自己看得到的「東西」　160

再見老胡　163

骷髏伯　166

詛咒　169

緊抱孩子的母親　176

義哥　181
都市傳說　190
亂葬崗　206
無意義的遺書　211
火山孝子　216
漫談自殺　223
自殺未遂　228
圓圈後面的世界　235
除夕　241

後記

我的作品，我的故事　245

Chapter 1
菜鳥接體員

您好，我是殯儀館接體員，很高興為您服務！

我是殯儀館的接體員，只要有警察通報，自殺或是意外的案件都是我們在處理。而我來殯儀館之前，一直都是在服務業打滾，所以來的時候都還保有一些服務業的「壞習慣」。

我第一份工作是便利商店的店員，當年我在便利商店的時候，聽到電動門叮咚聲就習慣喊「歡迎光臨」。記得當年我在網咖打電動的時候，一不注意打得太專心了，電動門開啟的時候我也大喊「歡迎光臨」，感覺很是尷尬！

剛開始在這裡上班的時候，我也是幾度差點把「歡迎光臨」喊出來，好險都忍住了，但還是在接聽電話時破了功：「這裡是殯儀館您好，我是大師兄，很高興為您服務！」

「……請問我家死人你在高興什麼?!」

那具遺體跑去哪裡了？

記得我當年應徵的時候，除了問一些會不會怕遺體，家裡有沒有人會反對，能不能接受輪班……之類的問題以外，還有一個小小的測試，就是去冰庫那邊看一下遺體。

其實就像大家所說的，接觸屍體的工作真的不嫣佛，就是打開屍袋一看，問一句：「會怕嗎？」

我還是老話一句，今天如果行得正，坐得端，又是跟你毫無關係的遺體，真的也是沒什麼好怕的。總之，面試這關算是安然度過，沒有什麼問題。

記得第一天上班，我是在櫃檯學習，內容大概是「協助民眾查詢禮廳以及幫助民眾找到家屬遺體冰存位置」。

那天我就在電腦前，等待有人進來詢問：「我要找×××，請問他靈位放哪裡？」

或是「×××明天告別式，請問在哪一廳？」

我就不斷地用電腦查不斷地回答，直到有一個邊講電話邊跟我說：「我要找×××。」

我就跟之前一樣，只不過這名字打上去，沒有看到何

時進館，也沒有看到靈位放哪裡，更沒有看到告別式什麼時候。

於是我就問旁邊也在忙的學姐：「不好意思，這位先生要找這個人，但是我怎麼查電腦都找不到，他是放在家裡安靈的那種嗎？」

學姐看了一下這名字，臉色一變，立刻就跟那位先生說：「你要找老闆嗎？他在樓上，你先上去，我再打內線給他。」

過了不久一個主管跑過來，我今天的工作就變成了「熟悉環境與認識各主管」。

可惡，早該這樣了！

在殯儀館守大夜說不怕是騙人的，在這裡守大夜的工作都要很謹慎，但對於一些奇怪的現象卻要學會忽略，太在意反而待不下去。

凶宅

先來分享一則我的接體經驗。

這天我跟一位資深學長接到通報電話，某大學附近公寓有白骨出現。沒搞錯，就是白骨！這件事情說來也是奇怪，那間房子是法拍屋，我們到現場聽那個屋主說之前跟房仲來看屋子的時候，幾乎每一間都有看過，唯獨主臥室的廁所，當時要打開的時候很難開，所以沒有特別去看。

我個人覺得，屋主買這間房子的目的應該是投資，而不是自住，所以看房子的時候也是粗心大意。等到交屋完成後，屋主心血來潮，用力打開主臥室廁所的房門，才看到前屋主的屍體倒臥在浴室馬桶旁邊，旁邊一個炭盆，所謂的屍體已經是一具很乾淨的白骨……嚇得屋主立刻報警。

有人問我敢不敢住凶宅，老實說我一直都跟著我媽媽、我妹夫妻，以及他們的一個小孩一起住，我雖然百無禁忌，但是不代表我家人都跟我一樣。

每天回家看到我那可愛的小外甥都想抱抱跟他玩一

下，不過他不太愛跟我玩又很怕我，不知道是不是跟我常問他：「來，你看舅舅後面跟著多少人回來？」這件事情有關。

直到我妹第二個小孩要出生了，我就有了搬出去住的念頭。

殯儀館裡有一群專門開車出去接遺體回來的人，因為他們熟門熟道地，又很專業，所以我都叫他們「老司機」。一天我上班時瀏覽租屋資訊，老司機們看到了，就說要幫我找房子。我心裡想，反正他們常跑外面，應該看電線桿上面的資訊機會很多，找的應該都是這種的。

誰知道過幾天，有一個老司機來找我說：「哥，還記得我上次接了那個上吊的嗎？今天會過去驗屍，那房間我們昨天去清理過了，保證跟新的一樣，等等房東會過去，你看要不要問他一下？」

或是另一個老司機：「哥，前幾天那個燒炭的還記得嗎？他租那個房間又大又漂亮呀！昨天房東來害怕租不出去，你要不要問一下呀？」

可惡！結果每一個都找這種的！我本來要找一般的房子，現在都懶得找了。

不過這件事情老司機說得對，他說：「哥，哪間房子沒死人？今天你知道他死一個不敢進去住，那改天你租了一間你不知道那間的狀況，後來發現其實裡面死了五、六個的，你會不會更氣？再說了，再凶，凶得過你每天看到的凶嗎？」

其實也滿有道理的，現在的我真的有點想存好錢找凶宅住了。

鬼壓床

有陣子業績不錯，天天需要出門接客。如果有算件的我們應該可以去杜拜玩的那種。那時候我常常感到肩膀痠痛，於是我問老司機：「嘿你們肩膀如果硬硬的都怎麼解決？」

老司機都神神祕祕地叫我去問一個誦經的師父，說師父推薦的地方很有效。有一天我碰到那個師父，師父一聽到我有這問題，神祕兮兮地說先加賴晚點傳東西給我。

我一直以為他傳的是哪家宮廟或是地藏王的地址，誰知道他傳給我是1500/0.5s/1h、泰式按摩九九九的……傻眼貓咪。

我不是這種物理的肩膀硬啦！

後來有一天我經過地下道的時候，看到一個算命先生，就是那種會跟你說：「先生，我看你精神不好，後面有跟東西唷？」

我被攔了下來，想說好吧，聽聽他怎麼說。

他瞇著眼：「你最近有沒有去一些比較陰的地方？」

我仔細想了一下：「有一個父親掐死了週歲腦麻的女兒、有一個山上土裡因為下雨跑出來的屍體、有一個火災困在裡面悶死的、有一個在家燒炭一週後被發現的、有一個水溝旁邊撈起來的……你看到我後面的是哪一個？」

那個算命的眼睛直直地看著我，傻了，一句話也說不出來。我嘆口氣，直接給了他一百塊，畢竟他也是混飯吃的。

有時候真心覺得自己有點悲哀，原來我已經到了「要跟在我背後還要抽號碼牌」的境界了。

那天晚上睡覺的時候，我就被鬼壓了。我當時真的理智線爆炸了，心裡想：「去你的！我做牛做馬服務，不收半毛錢，你們憑什麼壓我？又不是我害你們的，你們憑什麼壓我？今天要不是我去處理，你們還在河裡還在土裡，你們到底憑什麼壓我？大不了老子不幹了，就不要讓我知道你是誰，我明天上班就開你屍袋撒泡尿然後離職！」

說也奇怪，我這樣罵完之後，身體就可以動了，隔天

肩膀也好了。

有時候想想，人真的不要做虧心事，而且要對得起自己良心，才能不畏鬼怪……

其實我覺得自己職業不算嗎佛，如果所謂「靈魂」或是「鬼神」之說是死亡之後才有的故事，那其實我們工作也只算是比較接近這方面的眾多行業之一吧！

夜半鬼聲

關於殯儀館的夜班時刻，精彩的故事真不少。當時我還很菜，有一天大約半夜兩點多的時候，有一組家屬要進館，家屬人數滿多的，而過世的是一位老奶奶，走得很安詳。看著家屬們每個都雙手合十，虔誠地跟她做道別，我心裡也替她感到很開心，覺得那是很溫馨的一幕。

就當家屬跟禮儀公司都離開以後，我關好冰庫的門要回辦公室，突然聽到身後有一個蒼老的女聲說：「少年欸，幫幫我。」

我一聽，全身雞皮疙瘩都冒起來，嚇得我快步走去辦公室，頭也不敢回。用快走的，因為快走看起來比較不像害怕，鬼也可能看不出我害怕而不屑追我。辦公室距離冰庫大概四百公尺，這應該是我人生走最快的四百公尺了。

回辦公室後我馬上抓了本佛經，一直「阿彌陀佛」地唸。想不到這種阿婆也有冤屈，殯儀館真的是太可怕。

還好三點後就是平安夜，沒有人進館，好不容易撐到早上，當我決定下班回家要去收驚後，來上班的冰庫大哥

對我說：「欸，我剛剛經過那個收回收的阿婆旁邊，她說新來的大夜很囂張，叫他幫忙都跟沒聽到一樣，不知道在跩三小。」

哥一聽，也不說話，走到辦公室門口點了一支綠Marlboro……

搞什麼?!到底這邊怪人有多少？沒人會半夜三點撿回收的啦！

蛆

我上班第一次看到蛆在人身上爬的時候，是某個冬天。

當時我還在上夜班，大概十一點多，老司機送來一具說是在山上發現的屍體，約是死亡了四至七天的時間，那時候我很好奇為什麼屍體沒有壞掉，老司機說，因為發現屍體的地方在深山，又剛好是冷天，所以保存得很好。

我們的流程是這樣的：屍體送進來的時候，我們都會打開屍袋檢查，如果不是刑事相驗的話會請家屬把往生者的貴重物品拿下來。當時一打開屍袋，我就覺得他眼睛怪怪的，我一直看著他眼睛，發現裡面好像有一條白白的東西在動。我很好奇，於是等到家屬離開之後，就問一下老司機那個是什麼，才知道那條白色會動的東西就是蛆。當時也沒有害怕，只有一種「原來如此」的感覺。

而我真正看到蛆的時候，就跟凶宅有關了。

這天我們接到電話，目的地是一個看夜景的聖地，上面有很多景觀餐廳，而我們的目的地還要再往上一點，有處我

覺得很高級的社區。社區裡的機能不錯，而且還有學校。

當時我們到了一棟有前後花園的透天厝，有多高的樓層我不記得了，不過案發現場在二樓。走進去後，看到一樓的裝潢很高級，而當我們上了一半要走去二樓的樓梯，味道就開始出來了。

我接體的時候戴N95等級那種專業口罩，裡面還塗滿了綠油精，但是屍臭味還是一直跑進我鼻子裡，很難形容那種味道，聞過以後真的不會忘記。

我們忍受那種味道，上了二樓的一間臥室，看到一具男性屍體，包著尿布倒在床上，腫脹發綠，死了大概四、五天，身上都是蛆在爬，整間都是蒼蠅在飛。

那是我有生以來，看過最肥的蒼蠅了。

鑑識科的等我們到了就請我們幫忙翻身，他們需要拍照。而當時觸摸那屍體的感覺，真的永生難忘。

這樣說吧，那具屍體上的皮脆弱得不用太大力，輕輕一出力就可以拔下來了；而肉的部分，手指壓下去就彈不回來了。

而蛆到處爬，在身上大小洞上，眼睛旁邊，嘴巴裡面，手指縫隙，看得到的地方都有。

好不容易等到他們拍好照片以後，我們就用現有的被單一起把屍體包起來放在屍袋。就當我們要收工下班的時候，鑑識的說：「大哥不好意思，隔壁還有一具上吊需要幫忙，因為找到家屬但是他的業者還沒到，可以幫我們翻一下嗎？」

我們聽到的當下心涼了一半，老實說真的不太願意，後來被拗到受不了，就去幫忙。到了對面房間，不得了！什麼上吊的？大家如果家裡有衣櫃的話，看看那個門把！那女生是用鞋帶把自己勒死的，鞋帶就把她脖子跟門把綁在一起，整個人坐在衣櫃前面，這具看起來又比那個男生再早往生個幾天。

我們一看到就說：「只幫忙拍照，不幫忙剪鞋帶跟套屍袋喔。」

鑑識的說好。

等到我們要幫忙移位的時候，鑑識那個菜逼八熊熊給她脖子移了一下，嚇得我和學長立馬跳開，亡者喉嚨突然發出類似打嗝的聲音，彷彿吐出最精華的一口氣，而且完完全全吐在那個菜逼八的臉上！菜逼八整個傻住了！我們心想這可憐的傢伙應該是要去收驚了。

好不容易處理完，載回去公司，等待隔天法醫相驗。到了第二天，我們想說住高級住宅區，家屬應該過得還可以，誰知道看他們的穿著都滿普通的。

死者一男一女不是夫妻，只是同居人。男方來的似乎是兒子，感覺沒有很悲傷，應該跟死者不太親；女方似乎是姐妹，好像連車都沒有，是叫計程車來的，感覺也不是很悲傷。

唯有一個哭得呼天搶地，倒在地上的。經過我們詢問警察後，有一個讓我們震驚的答案：

「房東。」

躺冰櫃的體驗

依稀記得那時是冬天，當時的我沒有上班，在某間早餐店吃著早餐。突然間手機的賴響了起來，我同事老宅傳了一張照片，說了：「小胖，這個我們那邊冰得下嗎？」

照片那頭，滿是寶特瓶的房間，有一個肥胖的身軀，沒穿衣服，倒在電腦前。我知道身為一個合格鄉民要先問什麼：「番號？」

老宅說：「洋片。你快說可不可以冰啦，裡面都是『嘉明』的……說錯，都是發霉的味道啦！」

從照片看起來，死者目測身高一百六十公分、體重一百四十公斤以上。我並不嚴格，不過真的不太行。

對了，這邊順帶一提為什麼要問我。

俗話說物以類聚，我不管上日班還是上夜班，常常遇到過胖的。最誇張的體重有點忘記了，不過當初有進一個超過一百五十公斤的亡者，來的家屬只有兩個：一個他姐姐，一個他媽媽。她們兩人加起來可能沒有九十公斤。

當時我真的用盡吃奶的力氣把他放到屍盤上，然後我

們會盡量請家屬迴避，因為我們還會做一個動作：拿繩子把他的手固定在肚子上，然後沿著肚子把他綁起來。

為什麼要這樣做呢？如果過胖的人肚子沒超過屍盤，不會從屍盤兩邊露出來，我們可以收，因為他冷凍後出得來。但如果不幸是肚子太大那種，我們不能收，因為勉強進去了，結凍後也是出不來。

至於為什麼要綁手呢？因為手要固定住才不會往兩邊掉，不然也是會被手卡住出不來。卡住的情況怎麼辦呢？就要有人進去冰櫃裡面喬，把他喬成斜的再拉出來。冰櫃裡面溫度大概是負十到負十五度，但是常常會在裡面喬到流汗。

而當天進完那具超過一百五十公斤的大哥後，老司機虧我說：「小胖哥不知道你冰不冰得進去？」

我看了一下屍盤，拿出一個屍袋，鋪在屍盤上，說了句：「試試！」

於是我人生中多了一個躺著進冰櫃的體驗。

一般來說一個人一生大概只會躺著進冰櫃一次，我有兩次其實滿幸運的，別人也不會白痴得跟我一樣想進去看看自己冰不冰得下去吧？

體驗完後感覺其實還好，沒有想像中的可怕。我大概一百七十公分，一百公斤，我想起外面警衛室有一個警衛，我是小胖，而我們都稱他大胖，因為他有一百八十公分，一百四十公斤。

我就說：「還有一個可以試，我去買一下麥香。」

大胖畢竟不是白痴，打死都不進去試看看。

不過話說有人睡棺材改運覺得滿有用的，其實我也覺得我躺過一次冰櫃，跟那麼多曾經是人的當過大概一分鐘的鄰居，運勢也改了不少。之前十賭九輸，自從我進去出來後，大概是十賭全輸，持續大概一個月，運氣壞得邪門。看來我下次要問一下殯儀館那個爛賭鬼師父怎麼改運了。

回到那天我吃早餐的場景，我直接跟老宅說：「這個

要載去有加大冰櫃的地方，他的肚子真的太大了。」

隔天上班看到腰痠背痛的老宅，問他處理得如何。他說：「那裡旁邊很熱鬧，所以不好停車，又是老公寓，三樓沒有電梯，我跟老大硬抬下來的，沒什麼外傷，也沒開始臭，是他同學因為隔天要交報告找不到人，才殺來他家裡的，不然應該不會那麼快發現。」

我心想，如果這樣害人被當，到時候在閻王面前又多一條罪了！想到就好可怕！

老宅接著說：「其實當時有一件事情很怪，我們到現場的時候鑑識組已經拍好相片了，那時候他電腦一直重複放著那部洋片，而且還有放音樂——」

我突然插嘴：「看片還放歌，這個我一想到就覺得好可怕。」

老宅瞪我一眼，接著說：「重點是我們當時處理屍體的時候，有唱歌的聲音，也有A片的聲音，但是處理到一半的時候，突然多一個女生的聲音，我跟老大還有現場的一個警員還有房東都有聽到，我們互看對方一眼就趕快抬走離開了。」

我問：「那女的說了什麼？」

老宅心有餘悸地說：「好像是說魔法要開始囉……很詭異怎麼突然跑出這一句？」

當時我也覺得很可怕，直到我有一天看到一支名叫〈家家酒〉的MV……

其實我們不只接過一次肥宅因為心肌梗塞而死亡的，認真算一算還真不少。

於此奉勸過胖的阿宅們還是要減肥，過胖來我們這裡真的很可憐。我看過斜著進棺材的，因為太胖躺不平；看過出殯到一半太胖導致棺材裂掉的；看過棺材太大沒辦法進去火化的，因為火化的入棺口有一定的大小。

有些業者對火葬場不熟悉就會忽略這個問題，導致最後要送去其他地方火化。更有油脂太多燒到發爐的，最尷尬的一定是傷心的家人呀！

進館

所謂的進館呢，指的就是當有往生者過世的時候，我們會請家屬填寫基本資料，然後再請遺體進入冰庫的過程。

對於菜鳥的我，這也算是很大的挑戰了。當年入這行也是兢兢業業的，雖然我本身沒有什麼信仰，但是一開始工作的時候，說完全都不怕其實是騙人的。膽小、愛哭，是我出社會前我所有的朋友給我的評價；不過出社會後，我更怕的是沒錢。

我第一次進館的時候很害怕，尤其是打開屍袋要幫往生者別手環的時候。如果是正常的遺體倒還好，假如是意外、自殺，或是過很久才被發現那種，現場那個視覺嗅覺的衝擊真的很大。

這件事情發生在我剛上班不到一週的時候，那天我值大夜班，大約在半夜一點多的時候有遺體要進來。這時候一位負責教我的資深大哥，就帶領著我辦手續，然後跟他一起去冰庫，試著幫往生者戴手環。

突然那位大哥看著我「咦」了一下，之後面有難色地把我拉到角落。

我想說怎麼了嗎？他跟我說：「這邊有家屬先不要驚動他們，晚點再跟你說。」

我心裡想：「完蛋了！該不會這個大哥有陰陽眼吧?!」

等回到辦公室他也不說剛剛那件事情，我想說大半夜的，也不好問。一整個晚上我都在自己猜想到底哪裡出了問題，該不會是沒有拉拉鍊吧？於是往下一看：「啊！完蛋了我有拉拉鍊！事情一定沒有那麼簡單！」

一直到早上我要回家了大哥才跟我說：「小胖，今天，直接回家不要亂跑。」

我說：「大哥那我是不是要去廟裡拜一下，還是要用什麼草來洗身體呀?!」

大哥說：「不用。」

然後轉過頭陰森地看著我：「你要做的事情是趕快回

家，你兩隻腳的鞋子穿不一樣，趕快回家換不要在外面丟臉。」

好啦，其實真的滿嚴重的，至少比沒拉拉鍊還嚴重啦！

便利商店外的小妹妹

我剛去上班的時候，是夜班，每天晚上十二點下班。我媽說下班後找個人多的地方走走再回家。

於是我找了我家巷口的某便利商店，不敢找小七，因為我平常常去，還是換件紅得喜氣的衣服，找一家平常不去的才安全。

我那時候只要下班就去那家買麥香，然後喝完就走。原本一開始感覺這家店生意不是很好，後來感覺附近人好像越來越多，其實我也覺得怪怪的，而且店員原本就要死不活的感覺，自從我來了一個月之後感覺他又更糟！

直到有一天我還是在那邊喝麥香，看到外面一個小妹妹在走來走去，我看看覺得有點眼熟，看仔細後我迅速喝完麥香立馬騎車走。

我記得我在上班的時候看過她，而她不是站著的，是躺著的……

過幾個月我回去那家便利店看，大夜好像換人了……

奶奶

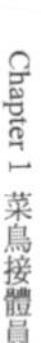

這故事已經是我上班過一段時間的事了，我一直說我很愛哭，只要生活中一些事情觸碰到我心裡最軟的那一塊，我眼淚就不自覺地流下來了。

當年我有一個跟我算麻吉的女性朋友，每次一起去看電影找的都是很催淚的片單，但她本身很冷血，所以每次和她看電影的時候，都是一名女生一直拿衛生紙給我這個大男生擦淚。

還記得那天是一家很大的家族，往生的是一位老奶奶，幾乎全部家族的成員都到齊了。到齊後，我先跟老司機把往生者送至冰庫，別上手環後，葬儀社的才跟他們慢慢走至冰庫。

我對老奶奶的死都會特別有感觸，因為我是外婆帶大的，我永遠不會忘記那駝背的身影，那雙長滿繭的手，給我的愛多麼飽滿，對我是多麼關心。

我當初想做這行的時候，有問過我外婆，如果她覺得不好的話，我也會聽老人家的話不做這行。正如我做長照的時候所想的，把屎把尿，要忍受老人家脾氣的工作我都做過了，還怕什麼我做不成嗎？

好在她老人家完全不介意，有時候回家跟她說說我上班的故事，她也是聽得津津有味，是個對生死很看得開的老人家。

今天這家子讓人感覺很好，那場景絕對稱得上子孫滿堂。當我問說還有沒有要見最後一面，之後就要進冰庫的時候，那群家屬都是忍著眼淚，說：「好，再讓我們見見她最後一面。」

屍袋一開後，大夥眼淚直接潰堤。一般我遇到這種場面都向後轉，因為我知道我一定會跟著哭。而這天不知道為什麼，看到這場景我就想起了我的奶奶。我自認這些年來，老病死的部分我看得很多，很多時候總是跟家屬說：「要看開點」、「人死不能復生」、「節哀順變」之類的話。但，如果今天那位是自己的外婆，我是否可以看得如此灑脫？

如果今天這場景，就是對我心中這個疑惑的小測試，答案是不行的。因為我人跟在他們後面一起哭，我實在止不住我的眼淚，也無法停止自己融入那哀傷的情緒裡。

總之，跟他們哭了一陣子後，禮儀師請他們出去，畢竟之後還有一些民俗儀式要進行。家屬走光之後，禮儀師跑到我身邊跟我說：「人死不能復生，要學會放下。你人一直不走，其實她會掛念你不能好好地跟著菩薩走的。來，現在我們往前走，之後就不要回頭了。」

我擦擦淚，回了他說：「走什麼走？你不先走等等誰來關門?!」

他才用他老花的眼睛認真看我一下，驚呼一聲：「靠夭咧！你不是那個新來的小胖嗎？你是在跟著哭幾點的啦？」

從此以後，這個禮儀師看到我的時候都會笑到肚子痛，我也不以為意，因為我跟乃哥一樣，真性情來著！

經過這件事情以後，我變得越來越常打電話給我在彰化的外婆，不知道為什麼，但就是很想打電話回去。之前在書本上看過一句話，樹欲靜而風不止，子欲養而親不待。原本只是書本上的幾個字，但我卻可以印證在我的工作上，我的生活裡！

Chapter 2
有故事的人

老司機

這次要分享的不是我的親身經歷，而是一個老司機的故事。

老司機顧名思義，是個經驗老到的接體司機。而這次要說的老司機是一個團體，他們的公司出名的接硬大於接軟的。

何謂「接硬」的呢？老司機曾經在一個下大雨的下午，到某山上的防空洞去接一具白骨。由於派出所的跟鑑識的都拍好照了，所以等老司機來的時候，指著山頭上的一個小洞，說了句：「都拍好了，載走就好。」

老司機們帶著屍袋跟一支手電筒，在大雨滂沱的狀況，直接上山把那具白骨扛了下來。

曾經在某處海邊，有當地人報案，說有艘裝置藝術的木船裡面有臭味。警察到現場發現似乎是流浪漢跑進去躲寒流卻在裡面死亡，已經臭到屍水都滲透到木頭裡了。木頭滲入屍水的味道真的很可怕，而船內空間密閉又狹小，裡面那個流浪漢身上還有很多大水泡，一碰屍水就會爆開來了。

老司機一到現場，看了一下狀況，立馬一個人進去把他拖了出來。

曾經在某個海邊的工廠，因為車子無法開進沙灘，老司機只好把車子停在離現場五公里遠的位置，走路到現場。去到以後才發現那是一具原本就很大隻，後來因為泡水太久腫到又更加誇張的屍體。兩位老司機眉頭都不皺一下，就扛著他走了五公里的沙灘後上車。

曾經有人在某個海灘上發現一具很像屍體的東西，老司機到了現場，去海灘上把他打撈上來。那真的是一個像是屍體的東西，沒有下半身，似乎被吃掉了，剩下一條脊椎外露，上半身胸部磨平，一隻手不見了，而另外一隻手剩下三分之一，臉根本看不到只剩輪廓還在。

說到這邊大家會想，你這王八蛋，說不是你親身經歷，屍體狀況形容得跟你看過一樣，一定是唬爛！我也希望是我唬爛，不過老司機他們家有要求現場要拍照，不要

到時候有爭議。所以王八蛋的不是我，王八蛋應該是那幾個給我看照片的老司機！

老司機們都很想退休後寫回憶錄，說不定還可以來個圖文並茂。

我聽了也是笑笑。

老司機們最老三十歲最年輕二十三，等他們退休我也是退休了。可悲的是老司機做得要死還沒有上次賴院長說的台灣平均薪資……

雖然我也是沒有。

而老司機常常說有些案子處理不好，不小心失足，公司可能要派第二輛車出來了……

車內燒炭

很硬的案例很多，其一是「車內燒炭」。

車內燒炭真的很硬，首先到了現場，要看在前座還是後座。後座好處理，前座真的很麻煩。如果屍體又是很久才被發現，裡面燒炭味、屍臭味，加上車內芳香劑的味道……

而放在前座怎麼處理呢？如果體型小的話，座椅往後調，直接拉出來就好。

體型大的就很麻煩了，要把座椅躺平，一個在前座抬腿，另一個在後座把他的身體拉過去後座躺平，才能讓他出來。

以上說來大家可能覺得輕輕鬆鬆，不過請大家想一想，如果今天要從車內搬出來的是發臭的屍體，不管是體型小直接前座出來，或是體型大後面拉出來的，你需要靠屍體的臉多近？可以想像那個畫面嗎？蛆在眼角爬來爬去吃著眼睛，還一直跟你四目相接，這畫面大概可以跟你一輩子……

而這老司機分享的案例是在某一處空地，那邊有很多人在停車，那天晚上有一輛車車主想出來，發現有輛車擋著他出不來，於是他就去看前面有沒有留下電話好聯絡。

正往前面走的時候，發現駕駛座有人，所以他去敲了駕駛座玻璃。

那邊燈光昏暗，敲了幾下都沒人理。後來拿了手機開一下手電筒，發現副駕有一個炭盆，嚇得立馬報警。

警察到的時候，老司機也到了，屍體狀況其實還好，沒有放很久。

老司機一開始一直幸災樂禍，覺得後面那輛車有夠「衰小」，不知道猴年馬月才出得來，人衰到這樣真的滿慘的。

等到警察查明車內往生者身分的時候，發現一件更衰的事情：

主駕駛座那個不是車主！

主駕駛座那個不是車主！

主駕駛座那個不是車主！

之後很快地查到車主是誰，叫他快點趕過來。車主一開始以為是警察打電話請他來移車，後來驚覺事情不對勁，立刻跑來現場，看了一下屍體說了句：「靠夭咧，J喜象呀？」

經過一番解釋後，才知道原來是車門壞掉一直沒修，結果流浪漢跑去他車上燒炭……

警察跟老司機聽了都快笑死，連車停到後面出不來的那車主都笑了。

遺體修復師

遺體修復的部分其實我沒有親自參與過，但是我有幸旁觀一個修復師修復遺體的過程。這是關於一個不工作的孫子，跟阿嬤要錢要不成，拿起香爐把阿嬤的頭打爛的事件。

這件進館的時候其實我沒有參與到，因為那時候我在休假，也沒有去追蹤，是有天有一位女修復師來的時候，我才知道這事情的始末。

經過那個修復師同意後，我才在旁邊觀看的。我永遠記得那一個畫面，那天，雖然五點了，但是天氣還是十分炎熱，化妝室裡面沒有冷氣。修復師穿著一件薄薄的衣服，前面有個深V的領口，那個美眉年紀不大，大概二十多歲，有著大大的眼睛、甜甜的酒窩，以及讓人丹田一股熱的嗲聲。

還記得當時她拿著針，彎下腰來要幫阿嬤縫補的時候，那一抹酥胸搭配黑色的內在美，立刻出現在我眼前。汗水從她的臉上到脖子，慢慢流下，搭配胸前那個刺青……

抱歉我記錯了，不是這個畫面！

當時我看到那個阿嬤，已經是頭不見一半了，腦中黃白幾乎都看得到。只看著修復師一針一針的努力縫合，用了不知道多少填充物，也不知過了多久，忙了她一身汗，終於恢復了大概七成，加上事後的化妝，等到家屬來看的時候，那淚水立刻奪眶而出，因為終於可以在阿嬤出殯前，恢復到她在生時候的面容。

看著家屬開心的笑容，真心覺得修復師滿偉大也滿辛苦的。但是在某一次修補的時候，我剛好從那邊經過，只聽到化妝室裡面有人大叫，我立刻跑了進去，心想：「這個美眉不管面對腐屍、墜樓、車禍遺體都面不改色，究竟什麼可以嚇得她花容失色？」

一進到化妝室，美眉滿臉驚恐地指著角落，說一句：「有蟑螂！」

殯儀館警衛

大胖是我晚上的好伙伴之一，公司晚上編制內就是我跟兩個警衛；編制外的還有很多狗跟四隻貓，人員還算滿齊全的。

我們的兩位警衛哥真的也是人才，不過恕我只能打出一個，因為另外一個警衛形象太鮮明，很容易猜到我在哪家，雖然他也有很多故事，但我目前真的無法寫他。

以下對大胖的描述可能很多，因為我真的覺得他很特別。

大胖真的是一個很猛的人，而他來這裡上班跟我也有很大的關係。大胖的父親也是保全，大胖本人大約三十多歲，完全沒有工作經驗，也沒有當過兵，大學畢業後就蹲在家裡，一蹲就是十多年。他沒有機車駕照，也沒有汽車駕照，出門都搭公車，可怕的是連手機都沒有，是因為要來這邊上班才去弄一支軍人機。

我問他幹嘛不買手機，他只說：「我又沒朋友，要手機幹嘛？」

但是他有一台筆電，每天都帶著筆電上班。

我敢發誓以上都是聽他親口說的，絕對沒有添加什麼！

至於大胖為什麼會在這裡上班呢？他之前的一個警衛只比我早來一週，有一天晚上那個警衛跟我閒聊，問我說：「欸，小胖，辦公室裡面沒有監視器嗎？」

我說：「應該沒有耶，我剛來也不是很清楚。」

他說：「那天花板那一顆一顆的是什麼？」

我笑了一下，心想這傢伙應該是鄉下來的，然後說了：「你知道辦公室都很怕燒起來，那個就是有失火會灑水的東西，你看！還有六個那麼多呀！」

他笑了一下，請我到外面抽個菸，隔天我上班送遺體到冰庫，回來就發現我的錢包裡面千鈔被幹走了！

我當時很緊張，也很後悔當初為什麼不把皮包放身上要放在包包裡面，等到隔天我去問主管有沒有監視器的時候，主管抬頭看了下天花板：「那六顆就是呀！」

從此我知道所謂的魚眼是什麼……

這邊還有一個額外的小故事，抓到那個警衛小偷後，主管有問我到底要吉他還是要私了。老實說一開始我很生氣，我覺得作為警衛不能這樣，我一定吉。

後來我聽殯儀館的一些阿姨說了那個警衛小偷的背景，原來也是附近的頭痛人物，平常都是睡在禮廳後面，有錢就拿去找大陸妹，這次幹我的錢應該也是拿去找大陸妹了！

我一聽，就不告了，看在是同道中人的分上。

而且還可以為了找大陸妹，睡在殯儀館禮廳的後面……

也是我輩中人的傳奇了，告什麼？

故事帶回到大胖，大胖的爸爸是警衛的主管，他罵那個偷錢的警衛時，太激動了，導致他有點小中風，去了醫院要休養一陣子，所以大胖就來上班了。

原本呢，大胖應該是早班的，但他上班做了很多媽佛的事情，比如說，原本有些禁止停車的地方，會有些趕場的議員在那邊臨停，基本上誰都不會趕。我們的大胖就高端了，完全沒出過社會的，趕不走直接打給派出所通知車主移車……

不然就是附近８＋９會早上偷偷拿垃圾來倒，大胖就會跳出來硬是不給他丟。大胖常說：「規定就是規定，為什麼今天他很凶就要配合他？」

就在某天下班後，他在公車牌前被修理了，他就到了夜班，我才跟他有點交集。

其實大胖沒錯，是社會錯了。

停柩室裡傳來的哭聲

大胖真的有點特殊體質，有一天他巡邏的時候，回來辦公室告訴我說他看到一個光頭大鬍子，在一處禮廳前面一直看，後來就突然不見了。我聽到就心血來潮說：「你說喊出他名字嗎？」

他說：「我不知道他名字呀？」

我說：「Say my name 呀！海森堡呀？」

大胖遲疑了一下，走出辦公室。過三分鐘又走進來：「禮堂上面寫他是王公××，不是海公××，還是他們貼錯了？」

我實在很懶得跟他解釋：「對不起我開個小玩笑而已，走吧我們去看看。」

他又說：「你確定不查？」

我說：「我可以保證那個不姓海，我亂說的。」

到了那個靈堂，我看了一下裡面那個人形立牌，是一個中年人，也沒有大鬍子；看一下照片，也不是，就說了：「大胖你電腦少玩一點，眼花成這樣不行呀！」

大胖不說話，等到隔天我們上班的時候，在垃圾場看到很多當天用完就丟的人形立牌，我看到大胖突然臉色鐵青地看著那些人形立牌，我眼睛也跟著看過去，發現那些人形立牌中竟然出現了他昨晚說看到的一個大鬍子光頭！

我跟大胖都覺得很神奇！那為什麼昨天我們去那個禮廳沒看到？

我回辦公室後查了一下，原來他是下午場的！（禮廳有分早上跟下午兩場）

不過經過這件事情後，我就覺得大胖更厲害了，下午場人形立牌都是當天下午來，在那之前他根本不可能看到那個往生者長怎樣，因為進館的時候他也不可能到冰庫看，他必須看著辦公室。可是他形容得真的很準確，這點倒是令我很吃驚。

話說這天我跟大胖一起巡邏，我們在十二點、兩點、四點，都會一起巡邏一次。我記得那一趟是兩點的，我們跟往常一樣，冰庫到停柩室，到牌位廳，到納骨塔，到禮廳，再回到辦公室。

就在我們經過停柩室的時候，突然聽到一個類似哭聲的聲音，我們都嚇一跳！

跟大家介紹一下，停柩室不是安靜沒聲音的，它是一

個走道，兩旁都是一些個人安靈的地方，大概十多間。我們到十二點都會把燈全關，還會把每一間的鐵門放下來，而且會只把鐵門的電斷掉。

基本上有很多間會放佛經，所以經過聽到都是一些佛經此起彼落的聲音，不是靜悄悄的，所以那個哭聲必須有一定的音量，我們才能聽得到。我心想，應該是聽錯了，所以看一下大胖，繼續往前走。

走沒兩步，又聽到一絲哭聲，我突然想起這邊有一個很可怕的故事，就跟大胖說：「這邊去年有一件很可怕的事情發生，去年曾經在這邊，十二點關門的時候，沒有發現有家屬在靈堂裡面睡著了，就把鐵門拉下來，還把燈關了。後來家屬醒了，嚇得打電話來辦公室狂罵，那個夜班的去開燈還被罵到臭頭，走了之後早上還來投訴，薪水被扣了不少……大概六張小朋友……所以等一下我們一間一間看，是鬼還好，是人我們就倒大楣了……」

當時心情真的是忐忑，我真的不知道找得到人好還是找不到人好……

過了大概十分鐘，全部都找過了，真的是沒有人，也沒有聽到哭聲了。我跟大胖鬆了一口氣之後繼續往前走，走沒幾步後，又聽到一聲哭聲。這時大胖就說：「會不會是那個唱佛機太多台，聲音疊在一起變成哭聲？」

我心裡一嘆，大胖呀……你為什麼在這時候變得那麼聰明？

這樣會很麻煩呀！

我整理一下情緒，跟大胖說：「你手機手電筒打開吧，等等我會把這裡所有電都先斷掉，到時候我們再聽聽看有聲音嗎？」

大胖嚇了一跳：「有必要嗎？全暗欸？」

我心裡想：「王八蛋，誰叫你突然變得那麼聰明，我早就想到了只是不想講，原本想說裝死當沒事，你說出來了我們就一定要做了！」

也是懶得理他，直接走到總開關前，把所有的電都斷

了。

突然間，一片漆黑，靜悄悄的，約莫五秒後，我們都聽到了一點點哭聲。

唉……

我打開電源，看著呆在那邊的大胖，跟他說：「應該是真的遇到了，等等去小老闆（地藏王）那邊上炷香跟他說一下吧！」

然後我們就直接去小老闆那邊，我邊點香邊跟大胖說：「等等跟小老闆說剛剛遇到的事情，請那個哭聲主人，有冤屈的話找自己的家人說吧！不要為難我們這些做工的！」

大胖忙著說好，於是我們就開始跟小老闆說了，只不過我後面還加一句：「如果家屬不處理的話，麻煩找大胖吧，我上有老下有小的實在不方便呀……」

說完之後感覺精神多了，回過頭看了大胖，並且給他一個開朗的笑容。不過，我看了大胖他也是很開朗地看著我笑，我心想：「可惡！你是不是也賣我？」

於是我心裡很忐忑地回到辦公室，剛好那時候有進館，我就去忙了。後來四點那一趟去巡就正常了。

往後的幾天我也是吃得好睡得好，馬照跑劇照追，不過外面的大胖精神一天比一天差，聽說回去還生了個大病。

現在想想，最可怕的，果然還是人心呀！

長老的畢業典禮

這天，跟往常不太一樣，因為再過兩天就是聯合公祭了，所以我跟兩個館內大哥，在等老司機他們準備好資料，要來退冰了。

這兩位大哥是我日班的搭檔，我們三個人一起守在這裡，一起出任務。我們是同梯進來的，雖然各差十歲，卻沒有什麼擺老或是學長學弟的制度。

年約五十歲的大哥，以前是公司的主管，聽他說他待了很多家公司後來都倒，所以想來這邊看看殯儀館會不會倒。他是個老宅男，很喜歡看電影動漫，說話也很有哲理，我們都叫他老宅。

記得有一天中午很炎熱，我們上班的時候有同事看到一隻想不開的烏龜往火葬場走，於是就把牠撿起來說要養。那隻烏龜很大，長大概三十五公分，也不知道哪邊跑來的。我看到牠的時候，牠正在臉盆裡面放空，還好牠是烏龜，如果是鱉的話，我看到牠的時候可能就是在碗裡面了。

同一天的火葬場，下午又抓到一條大蛇，這時候老宅滿開心的，他說他拜的神明好像腳下還是手上有這兩種動物，應該是有神明經過。其實我也不清楚，只是覺得他想像力很豐富，還滿有趣的。

而四十幾歲的大哥是以前經商失敗，後來回到這條街開靈車，交遊很廣闊，幾乎附近葬儀社都熟。我們都叫他老大。老大為人海派，有次對話的時候我就想說，等我走了以後，希望用這種聯合公祭，這樣一毛錢都不用花。

老大依他為人肯定是往生後大家搶著幫他辦，絕對不用怕的，他聽到我這麼說，立刻說：「小胖，你放心，我不會讓你喪禮落魄的，一定給你一對大大的鮮花跟一對飲料塔，靈堂我親自幫你搭都沒問題！」

我聽後很感動，想想如果我真的走了，那個美麗的鮮花，兩座派頭的飲料塔，而我妹跟我的兩隻狗坐在靈堂前……

呃……還是不要想好了。

感動歸感動，不過還是覺得怪怪的，我們就是這樣的樂觀三人組，這天老大指著一個卡片上只寫小baby的牌子說，這件終於要處理了。

對一個冰庫來說，長老是什麼？

長老就是一些無名屍、無名骨，有名無主的遺體或是家屬不願意處理的，冰在這裡，可能幾年，可能幾個月就處理掉的，我們叫他長老。

我們靜靜看著老大，看他說從主管身上聽到這個小baby的故事。這小朋友才幾個月而已，母親是外配，生下他的時候剛好是拿到身分證的日子，所以生完就跟同國籍的男人跑了。她來台灣的目的也是幫她老公生一個傳宗接代，目標達成也就撒手不管了，而她老公始終覺得那個小孩子不是他的，所以也不太照顧，結果事實是，那小孩子的爺爺，就是小孩子的親生父親……

他們兩個應該是兄弟關係，而不是父子。

據說最後是生病夭折了，媽媽都跑了當然不處理；

原本以為是他爸爸的哥哥，也不打算處理；而他的爺爺也就是他親生爸爸，更不願意處理，於是在這邊冰了兩年，後來才有人願意出來簽名，不然的話我們要告他們遺棄屍體。

因此，他的肉體終於可以在這裡畢業而邁向下一個階段了。

之後，我跟老大看看戴著眼鏡的老宅，老宅看著一個冰櫃，說了一段故事：

還記得是一個寒冷的冬天，記得那時候，他接獲通報，跟著另外一個同事跑去公園裡面一座涼亭，看到一個用紙箱跟報紙包著身體的人，眼球已經呈現灰色了，身體也僵硬。由於死亡時間不長，屍袋一套就走，回來驗屍的時候，也是找不到家屬，已經冷死的他，還要再冰存一陣子。

直到這一天，才可以從寒冷中走出去。

這時候，老大跟老宅看著我。我心想，你們都有故

事，我也不能輸。於是我走到一個冰櫃的前面，那是一名中年婦女，當初在大排裡面撈起來的。我人到現場的時候，消防隊已經打包好了，我只要負責抬上車就好。

記得當天，新聞報說隔壁縣市也是有人溺水還在打撈中，而隔壁縣市的那組家屬還特地跑來看這具屍體是不是他們的親屬。說實在的，兩地隔那麼遠，又掉進不同的河，怎麼想都不可能是。

認屍失敗後，回想著家屬當初離開時滿臉著急失望的表情，再看看這具快畢業可是還是無名的屍體，真的是感慨萬千。後來死證上面除了溺斃，還有安非他命使用過量，沒人知道她從哪裡來，也沒人在乎她死後怎麼處理，這些都是長老。

說完後，我跟老大還有老宅轉頭，看著一個戴著眼鏡，留著小鬍子的中年人，準備聆聽他的故事。

我們都叫他老闆……

「你們都很閒嘛！外面要探視遺體的在辦公室找不到

人，很會躲嘛！」

於是我們趕快開始這忙碌的一天，長老們還是一樣靜靜地在那邊，有的快畢業了，有的還在等待公文，有的也許有冤屈，有的或許還期待家屬會來找他，有的根本 who care，不對，要加 s，who cares！

總之，長老這東西不可能會消失，只有離開之後，下一個誰來接手罷了，這就是長老。

師父

之前說過殯儀館有一個爛賭鬼師父，其實這師父身世可憐還有點故事，我不確定他本業是開計程車還是在當師父，他晚上通常都開著計程車來誦經，當然，誦經的衣服也是到了這邊才換的。

他的誦經生意不是很好，因為他的形象不好看，但是他很缺錢，幾乎都是白天開車，晚上誦經。

他常常說他是太相信別人，害得他散盡家產，而且聽他說那些人現在電視上還看得到，每每看到他們都是咬牙切齒，但是自己卻又一次一次地相信他們。他們分別是：內馬爾、詹姆斯、田中將大，最近還多了大谷翔平，至今還逍遙法外。

最近那個師父怪怪的，不知向誰借了筆錢，而且賭運變得超好，閉著眼睛押，押誰誰就贏。連有一天不小心買錯隊，還是照殺無誤，就這樣一直狂殺，殺到後來想說破釜沉舟，給他輸贏看一把。

就在我跟老司機們的慫恿之下，他把之前借來的錢跟所有贏的錢都下去了，我們看了看他下注的金額，紛紛給他道聲恭喜：

「師父恭喜你，明天就可以去看新車了！」

「師父恭喜你，房子頭期有沒有就看這一把了！」

師父也是很開心，覺得那麼多年後運氣總算是來了，克蕭看起來不再是可笑，鱒魚也不是他口中的那條死魚了，是時候輪到他翻身了。

看著他的身影離去後，我們紛紛拿出了手機，買了和他下注相反的那一隊。

「嘿嘿，不信你這次還不倒！」

「對呀，我買他對面連續倒好幾天了，這次一次就給他要回來！」

「沒錯沒錯，不可能每天都在過年的！」

我再三看手機，確認自己有沒有下錯場次跟隊伍後，就關上了螢幕，然後冷眼看著這群老司機，心想這社會真的很可怕。

隔天球賽打完後，師父就消失一陣子了。我跟老司機們點了好多披薩，順便談著晚點要去哪裡按摩，錢不是問題，因為這都要感謝賭海明燈的那位師父。

至於師父跑去哪裡了呢？這不是我們該考慮的問題，這邊一年跑路的也不少，不是賭就是毒。錢來得越快，把持不住的人倒得越快，這點我們倒是見怪不怪，而且已經是成年人了，對於自己的決定也必須負起責任吧！

再次見到師父的時候，已經是好幾個月後了，其實那時候我也是嚇了一大跳，因為那時候的時間是清晨五點，他穿著西裝打著領帶，那張臉看起來就沒什麼血色，站在他那輛計程車旁，點著一根菸。

我心裡想，想不到師父誦經誦了那麼久，到頭來居然選擇西式的穿著，那張沒有血色的臉應該剛往生不久，是來討債了。算了，錢沒有命一條，該面對的還是要面對！

他也看見我了，向我招招手。我邊走過去還邊觀察他是用走的還是用飄的，在看到他還有腳的時候，心裡踏實多了，於是很開心地跑去跟他喇賽：「欸，跑路回來了唷！要不要幫你開個派對呀！」

師父苦笑著說：「心情不好躲一下而已，還是欠一屁股還沒還完啦，我又不敢自殺也還想混下去，還是要出來面對債主啦！」

我說：「不錯呀，你看一早就有生意，凌晨五點找誦經的應該算是大咖吧！不然誰會鳥他？都叫早上再來誦經。」

師父：「不是啦，等等你幫我開一下納骨塔的門，我要去拜一個人。」

這倒是稀奇了，居然一大早起床來祭拜，這對象肯定不是那麼的簡單。於是我幫他開了門，但是剛好我工作也來了，因此我們各忙各的。

過了不久，我這邊告一段落的時候，師父他也拜完下來了。我看著師父坐在那邊，就過去給他一根菸，問他說：「聊聊嗎？」

看著師父拿起我給他的香菸，我也直接就坐了下來。這邊的規矩就是這樣，點了菸就要開始說故事。

師父說他一開始也沒打算進入師父這一行，他其實也是經過一些事情才進來的。年輕的時候，他也是一個愛玩的年輕人。那時候他有一個青梅竹馬的乾妹，乾妹來自一個破碎的家庭，小時候父母離異，後來她媽媽帶著她跟媽媽的男友一起住。小時候，乾妹常常去找師父玩，雖然沒有血緣關係，但是感情更勝親兄妹。

這時我突然鄉民上身，插嘴一下：「青梅竹馬的乾妹正嗎？」

師父一臉像看笨蛋一樣看著我：「正的叫做青梅竹馬，不正的叫做鄰居。」

我想想好像也是如此，就點點頭，他看我還不算太笨，也就繼續說他的故事了。

大約在師父高三，他乾妹高二那一年，憾事發生了：他乾妹被母親男友性侵了。但是乾妹母親的意思是不要張揚，畢竟她們寄人籬下，而母親還必須有個依靠。

此後師父的乾妹漸漸沒了笑容，像是個行屍走肉。那時候她常常問師父，人死後，究竟會怎麼樣？師父心疼地看著她手腕上的割痕，告訴她：「自殺不能解決問題，必須堅強地活下去！」

但是命運沒放過他的乾妹，她母親的男友食髓知味，繼續侵犯她，乾妹有天終於受不了，跟一個網友跑了。

她離家後的一段時間內還是有在跟師父聯絡，但是後來就音訊全無了。這時候的師父剛剛高中畢業，開始做殯葬人力派遣，偶爾抬抬棺，偶爾洗洗遺體，偶爾搭搭會場。

他常常在想，如果那時候他有錢，就有能力照顧乾妹。可惜想歸想，要一夕致富談何容易。

而他再次得到他乾妹的消息時，是警方打過來，告訴他說，乾妹陳屍在租屋處，緊急聯絡人留的是師父的電話。師父去到現場才發現，乾妹已經往生一段時間了，桌

上都是毒品吸食器。

師父親自去收屍，聽他說現場並不難處理，屍體狀況也沒到非常糟，只要屍袋一開，屍體放進去就好，但是師父太悲傷了，所以請了別人來支援。

治喪期間，師父跟家屬說治喪費全額由他承擔，但是家屬卻執意要選擇聯合公祭，並且打算海葬。師父後來千拜託萬拜託，把此生所有的誠意都拿出來了，家屬才答應讓乾妹的塔位放我們這裡，而塔位錢由師父承擔。

師父一口答應，之後每年的忌日，他都會帶著鮮花，與以前跟乾妹聊天時愛吃的小點心來探望她。後來因為機緣巧合，他去學了誦經，當了師父。他說，剛學誦經的時候需要練習，他就是對著乾妹的照片，一直唸一直唸，一直很真誠地唸，唸久了就很會了。

故事說完，師父很自動拿起我的菸，抽一根來抽。我是無所謂，因為這故事值一包菸。我問他一件我放心裡很久的事情：「你有沒有想過，其實你沒有資格告訴她自殺不能解決問題，因為你不是她，你也不知道她承受什麼痛苦，你也沒有辦法幫助她什麼，而結果就是她再多受幾年的苦，再回過頭來做出她當初一直想做的決定。」

師父很驚訝我有這種奇怪的想法，沉思了一會後說：「其實我也知道，但是那個時候我也只能說這句話而已呀⋯⋯」

萬般無奈，人生總是有很多無解的難題，我父親生病後，我再也無法對人說出這句話了。

我以前在接受照服員訓練的時候，認識一個大我三歲的大哥，因為受照服員培訓的男生很少，所以我們也比較有話聊。那位大哥沒有結婚，他家有一個失智的父親、年老行動不便又愛賭的母親，和愛在外搞事並回家跟父母拿錢的弟弟。

我做照服是因為想多學學如何照顧父親，而他則認為那是條最後的路，因為這份工作對他來說，是他所可以選擇的工作中，最好賺錢好存錢的。結業後，我在醫院固定

上班十二個小時，他為了賺更多錢，則做全日個人看護。

大哥跟我想法很像，所以我們聊得很來。我們都很自卑，我們家裡都有壓力，我們都不打算結婚，因為我們不相信有人願意跟我們一起打拚，另一方面也想說這樣說不定也是在害人家一起背債，所以有時候我們也是一起去按摩，至少在那個時候，我們才會覺得自己是大爺。

我曾經在夜深的時候接過他幾通電話，電話那頭的他總是很沮喪，他說，他拿回家給老爸的醫藥費被他媽賭掉了，弟弟借錢討債集團來他家要錢了，家裡又要多支出什麼開銷了……

只要他打電話給我就是跟錢有關，我沒能力幫他，他也只是沒人抒發，打電話跟我說說而已。好幾次都聽他說自己撐不住了，我也只是聽。我們對彼此的責任，只有聆聽，不需安慰，因為我們知道，再怎麼口頭上安慰，都改變不了回家要面對的現實。

在我父親往生後，我跟他吃過一次飯。很多人知道我父親往生了，都跟我說節哀，但是他聽到之後，想了想，跟我說：「恭喜。」

我當下愣住了，但也沒有因此生氣，只覺得他真的很懂我。

後來我離開長照，我們就沒聯絡了。有時我還是試圖想聯繫他，那時候我還沒進入這行，等到我進入這行之後，無聊中在電腦系統裡輸入他的名字，發現在最後一次見他之後，不超過一週的時間內有一個同名同姓的人燒炭身亡了。我不知道他家在哪裡，也不確定是不是他，不論是不是他，我生命中還是少了一個聊得來的朋友。

沉思完後，我也順便虧了一下師父：「難怪你穿得那麼帥，原來是來看初戀情人。」

師父臉色一變，偷偷拉著我到旁邊說：「是這樣的，你有沒有聽過慶×……？」

我轉頭就走，師父拉著我，開始唱著歌：「你先不要有壓力，先聽看看就好，幾歲才能夠退休，領死薪水到

老，成功之後有錢有閒實現你的夢想，以前我也很排斥，接觸後才發現相見恨晚。今天晚上，剛好說明會七點半，課程搶手，要不要等等去看看？健康純天然，國際認證拿給你看，半年內月入百，skr！」

「Bang啦幹！聖結石都唱不好學人家做什麼直銷？」

「都一樣啦！要不要來幫捧場一下，我知道其實你們靠我賺了不少。」

我心裡想：其實他都知道呀……

但是越想越不對勁：「他們家的那罈子，我記得那材料很便宜，你竟然賣那麼貴？」

師父不知道為什麼，瘋狂咳嗽。

「當初他們家沒禮儀部，我記得他外包給外面其中一家，而且一場的價格也是比你開的低……」

師父又不知道為了什麼，一樣瘋狂地咳嗽。

我輕輕一嘆：「其實你要做我們這種生意就錯了，你賣濾水器我說不定還會買。」

師父想想也對，他現在除了要開計程車，要誦經，還要做點小兼差還債，還是不要浪費時間在我身上。

眼看時間差不多了，我該打卡下班，師父也該上納骨塔收祭品準備回家了。

我看這師父往納骨塔方向走，心裡想著，剩粉的已經不在塵世，了無牽掛了；而聖粉的，卻依然在人世間浮浮沉沉，抓住任何可以維持他生活的一切生機。

Chapter 3
殯儀館怪談

人生百態

我們這地方冰了很多都是比較窮苦的人，或是無名屍跟有名無主的。不豪小，有時候幾個星期內從某大公園就接進來三個以上遊民，而且是在同一個公園。

很多人都以為在殯儀館工作會遇到很多靈異事件，但老實說並不多，只有一兩件讓我覺得神奇的事情，可能微微靈異而已。因此這次分享一系列的故事，其實滿平凡的，沒有什麼特殊的重口味。

在成為殯儀館接體員以前，我還做過照服員的工作以及便利商店的打工，這些工作都讓我必須面對人群，接觸人群，有時候看人們處理事情的方式，都可以給我很多思考的地方。

跪在母親靈前的A先生

他母親過世了，因為沒錢而選擇政府的聯合公祭，如果沒有額外的需求就不用多花一毛錢。第一次看到他的時候，感覺他就是遊民的樣子，身上破破爛爛的，背了一個破背包，全身酸味。

當我們把遺體拉出來給他看的時候，他不發一語，只是哭。後來問我們：「可以讓我在這邊上香嗎？」

我們回答：「不行，冰庫裡面禁止上香，你可以安個牌位在靈堂，這樣每天都可以去上香。」

他問：「需要錢嗎？」

「請個師父安個靈大概萬把塊可以解決吧，你可以問問外面葬儀社的。」

他一聽也不說話，突然向他母親跪了下去。

之後只要他每次來看遺體，都在他母親遺體前跪十分鐘，一直跪到他母親出殯。

不為父親辦喪事的B先生

他父親是獨居老人，因為久病往生，所以聯絡他來這邊認屍。當一切流程跑完之後，他卻堅持不辦認出手續。

當時他說了：「躺在裡面那個從小沒養過我，為什麼

死後我要出錢給他辦喪事？我幹嘛要認他？」

後來是我們告訴他說有聯合公祭這件事情，再加上直系親屬往生可以跟勞保局申請喪葬費。

他才說了一句：「這種事你們為什麼不早說？」

之後一直到出殯都沒再看過這位B先生。

乖乖桶的C先生

他也是很妙，礙於親戚壓力，找了一家葬儀社，什麼都用最便宜的東西給他父親。然後火化的時候連骨灰桶也省了，等到他親戚走光了，他拿了一個乖乖桶說：「我爸等等就放裡面就好了。」

粉紅收屍團

還有一個經典的故事，是關於「粉紅收屍團」。「粉紅收屍團」大概是在說外配嫁給很老的老榮民，然後領高額遺產。這天我們就遇到了這種事情，一個老榮民在家往生有段時間後被發現，身體明顯發綠腫脹，屍體狀況很不好。

當驗完屍之後，他老婆拿了死亡證明隔天立刻火化，但是火化前需要家屬確認遺體。老榮民的老婆真的超猛，帶了一個男人來，十指緊扣，緊緊跟在那個男人旁邊，完全不敢看那個老榮民的臉。

後來是因為我們一直說你不確認我就不給火化，她才很勉強看了一眼那個全身發綠腫脹的老伯伯，看完之後馬上躲到那個男人的懷裡，說了一句：「老公呀！你看老陳（那個老榮民）怎麼綠成那樣呀?!」

我們聽到這句話真的忍笑忍得很辛苦，領出的時候真的還不忍心看，心裡只想著：「老陳，為什麼你綠成這樣呀?!」

不敢看母親臉的D小姐

這次分享的是一位小姐的故事，簡稱她為D小姐，她來殯儀館因為她的母親往生了。她給我的感覺應該跟她母

親感情不錯，但是她有一個怪異的地方：她不敢看她母親的臉。

這種情形我覺得又可以分成兩大類：一種是看了之後太難過，我遇過不少白髮送黑髮的都哭到昏倒；另外一種是「害怕」。

D小姐雖然不敢看她母親，但是常常夢到她母親說：「她很冷，她想喝水，她想吃檸檬。」

所以每次來都說：「小弟可以幫忙我放些東西在她旁邊嗎？我真的不敢看我媽媽。」

一般來說我們是不會幫忙的，家屬有問題可以找葬儀社。但是她是屬於那種聯合公祭的，所以也不太敢要求葬儀社什麼。我想說反正做做功德，我就每次幫一點。

直到出殯前一天，她很開心地跑來跟我說：「我昨天夢到我媽媽，她很感謝你，她想親自跟你說聲謝謝。」

我一聽心裡想，你媽親自跟我說謝謝？

嘴巴還是很客氣地說：「不用啦小忙而已，我跟我媽還有我妹的小孩一起住，來找我說謝謝真的不太方便。」

她一聽好像也領悟到親自說謝謝這件事怪怪的，所以就很不好意思地走了。

隔天，她母親出殯了。很幸運地那天晚上她沒跟我說謝謝，但是有件事情很玄，她是有花錢安靈位的，所以我請清潔阿姨把她的靈位清理一下。

過了十分鐘，那個阿姨說：「阿弟呀，那個靈位桌上東西都可以收嗎？」

我說：「都可以呀。」

阿姨說：「可是她桌上有放一張紙耶！」

我拿起那張紙一看，紙上有三個數字。我直接跟阿姨說：「丟掉沒關係。」

阿姨說：「阿弟呀你知道這個是什麼東西嗎？」

我說：「我不知道啦，不過應該沒什麼。」

隔天阿姨請我喝飲料，她用那三個數字簽六合彩中了三星。

外配

有天送來一位先生，是喝掛的，來填寫資料的是他的外配跟兒子。兒子大概七、八歲，很小，外配不大會寫字，所以資料都兒子寫。

我看了這組家屬，心裡覺得滿心酸的。外配問她什麼都無法決定，反倒是她兒子做決定很快，應該是小朋友也沒想那麼多，想到什麼就說什麼，這樣反而好處理。

手續辦好後，這一組一樣是沒錢安靈位的。隔天帶了一瓶阿比跟一條黃長，來遺體前跟他說說話，我一樣將遺體拉出來給他們看，只聽外配說：「你現在好了，以前整天出門找女人不回家，現在那些女人呢？我知道你娶我只是想生兒子，兒子有了你整天往外跑，現在好了，你也走了，留下我們怎麼活？我們怎麼活呀……」

我不為這些聽到的、看到的，流眼淚。不然我的工作，就是每天以淚洗面了。

被遺忘的人

曾經我當看護的時候，照顧一個阿茲海默症的伯伯。好巧，他也叫老陳。他老婆每天來看他，真的是每天。老陳很高很壯，所以他老婆很喜歡我上班，因為比起看護阿姨們，我算是壯丁。他的女兒也常常來看他，一天我跟他閒聊的時候，他老婆突然跟我說：「弟弟呀～你知道失智症怎樣最慘嗎？」

我答不太出來，只是靜靜的想知道答案。她說了：「最慘的是，你最愛的人，每天跟你生活在一起大半輩子的人，一天一天地慢慢忘記你，直到有一天，他根本就不知道你是誰了。我那麼愛著他，你看，老陳現在看著我，他卻不能跟我說他愛我，甚至連我是誰他都還搞不清楚，他忘了我，但我還牢記著他，這就是最殘忍的事情。」

我真的很不勇敢，沒像這位奶奶一樣有勇氣承擔這種痛，遇到了我應該會逃避，後來聽護理師說，陳奶奶跟她女兒都有憂鬱症。其實不意外，很多照顧久病的家屬都有。

抱歉以上故事好像沒有媽佛點，補一個很可怕的故事好了。

焚妻

這天晚上，某派出所打電話來，說了有人在公園裡面涼亭發現焦屍，請我們盡快來協助。

當我們裝備穿好準備要出門了，派出所又打電話來：「抱歉！誤報！到現場近看發現是充氣娃娃！」

誤報你個頭，這很明顯是謀殺呀！！！！！

很抱歉跟大家分享那麼悲慘的故事，但是我一點都不覺得慚愧，因為我是單身狗，見不得有情人終成眷屬！

如果感覺沒有媽佛點我再補個可怕的故事好了。

天花板上的女子

我在醫院上班的時候，有一次來了一個有錢又剛有失智狀況的老奶奶，那個老奶奶覺得我很像她的孫子，而且是最疼最不成材的那個，常常在護理師前面說：「你看你老婆在這裡，你還跑出去風流，乖乖在家不好嗎？」

我一出門照顧別床的老人，她就跟護理師說：「抱歉啦，跟到我這個『噗嚨共』的孫子，抱歉啦！」

然後常常神神祕祕地跟我說：「客廳沙發下面的五千塊你拿去，這是我最後一次幫你了，你不要再賭了，記住拿快一點不要讓你爸知道！」

直到我離職的前一天，我還是沒找到那張沙發……

一天大夜我工作到一段落覺得無聊，就去跟奶奶聊天。奶奶說：「孫欸，你跟你爸冰箱的粽子要拿出來蒸，端午節要吃。」

我看著她對面的日曆寫著十一月十二號，說：「好，阿嬤那我們端午要不要拜拜？」

奶奶說：「當然要呀！我不是有給你錢去買雞，錢咧？」

我說要裝就裝到底：「阿嬤昨天我手氣很差，輸光

了！」

奶奶氣噗噗不理我，過了五分鐘她看著天花板說：「孫欸，你看那個女的要幹嘛？」

我說：「哪個女的呀？」

奶奶說：「就是那個穿白衣服帶小孩那個呀！」

我看著牆上時鐘寫著一點五十分，而且是半夜，說了：「現在早上了應該去買早餐了吧。」

奶奶說：「孫欸，不對呀，她帶著那個小孩好像要往下跳，孫欸，你去看看啦！」

我看著什麼都沒有的天花板，想想休息時間也結束了，就說：「好，阿嬤，我立刻看看！」

我就跑去工作了，清晨下班回家看新聞，才知道昨天晚上有送來一個跳樓的女生去急診……

指甲刮屍袋的聲音

某個過年前的晚上，送來一具有死亡證書的遺體，說要辦進館。當時一切手續都辦妥了，我們也把遺體推到冰庫前面了，打開屍袋別好手環，當要換床的時候，突然我聽到好像有指甲在抓屍袋的聲音。

直覺不太對勁，而當時的老司機也看著我，過不久又是一聲，我就跟司機說：「這個要再看一下！」

當時我跟老司機一起把屍袋打開，就看到老人家還在那邊喘。我跟他兒子說：「靠，你爸還在喘欸！」

他兒子說：「那……這樣還要冰嗎？」

我真想掐死他兒子！生塊叉燒都比較好！總之，他父親是送回醫院了，過了一週後，他們又來，一樣是我上班……

阿嬤的金戒指

有些人應該有經驗，往生的時候不把生前的首飾取下來，直接火化，希望往生者帶去極樂世界。

事實上黃金到哪裡去了？

我們火葬場的同仁，只要我們有撿到黃金，都是請大家吃一頓中餐，剩下的錢全部捐給家扶中心，而且都有開收據。所以我覺得滿不錯的，也感到很驕傲，至少在幫助失學少女、單親媽媽、新移民後，我又幫助了家扶中心的人。

那有沒有例外呢？

今天說這個阿嬤的戒指，就是例外。話說這個阿嬤在化妝完要出殯的前一天，家屬還來看一下，有位家屬想把她的戒指拿下來，另一位家屬就說：「媽戴了它六十幾年了，就給她這樣帶走吧！」

其他家屬都同意這件事情，所以就這樣把她推到火葬場了。到了火葬場之後，葬儀社的人就把家屬安頓一下，然後請他們出去。

（記住，在這邊我把他叫做葬儀社的人而不是禮儀師是有原因的。）

當家屬離開後，他一個轉身，直接把阿嬤的戒指拿了下來放進口袋！

直接把阿嬤的戒指拿了下來放進口袋！

直接把阿嬤的戒指拿了下來放進口袋！

大家以為這個是媽佛點嗎？為什麼我人在冰庫知道這件事呢？

因為是火葬場的同事告訴我的，幹戒指的事情不是沒有，但是這個阿嬤燒了特別久，特別難燒。家屬其實很難過，他們辦的場花費很高，也把阿嬤最愛的東西給了她，為什麼燒的時候那麼困難呢？

這時候葬儀社的人跑出來：「阿嬤對世間還有留戀，讓我們辦一場法事讓她好好安息……」

那場法會六位數，這個故事就說到這裡。

登山客

我記得之前我寫到，我第一次看到蛆是在一個登山客的眼睛裡面，那件事情滿妙的。她當時失蹤很久，也有一

大群人進入山區找她，可是最後發現的地點，是在登山口往前不到兩百公尺叢林旁的樹下。

那天晚上他們進來時，我無聊問一下這具到底怎麼發現的。家屬說，當時他們不知道已經第幾次上山要去找，也差不多打算放棄了，所以之前都只有大人去，到後面開始會帶小朋友去，希望可以感應到什麼。

結果我想大家都猜得出來，她其中一個孫女，大概是上幼稚園的年紀，一進登山口就覺得她阿嬤在叫她。然後走沒幾步，她突然指著那棵樹，喊著：「阿嬤在那裡。」

一過去就看到樹後面，她阿嬤嬌小的身體坐在樹下。

到這邊就如我之前所說，可能是那時候天氣太冷，她死亡時間有點久，但是真的用看的，就跟剛往生的沒有什麼不同。如果那時候眼睛裡面沒有一條白白的蛆，我會真的以為那是具剛往生的遺體。

不過，最後我覺得比較有趣的是，那群家屬之後平靜下來在靈堂裡面閒聊的時候，有提到其實當初是帶她最疼愛的孫子去找，最後找到她的卻是家裡最不突出的孫女，她不是最皮的那個，也不是最受疼愛的那個，甚至連親都談不上很親，這點一直是他們想不透的事情。

祭桌上消失的雞腿

有一天，殯儀館內的安靈室一整排都滿了，最前面的第一間，有人訂了祭拜的飯盒放在那裡祭拜，後來發現雞腿被偷吃了。身為管理人員，我們會調監視器查一下是誰拿走的，但是使用那個安靈室的家屬，看到雞腿被偷之後就說：

「昨天我夢到爸回來，說想吃雞腿。」

「爸生病那麼久，整天只能喝牛奶，現在終於可以回來吃雞腿了！」

「爸生前最愛吃雞腿，你們看這個飯盒只有雞腿被動過，別人家都不會，他一定有回來看我們！」

後來我們去看監視器，發現原來是隻野貓，在監視器

裡只見牠身手矯捷地咬一隻雞腿就跑掉。凶手是抓到了，但聽到家屬所說的故事那麼撫慰人心，我們也不說破了。

我個人覺得殯儀館故事很多，大致上都源自人們對於往生者的遺憾而腦補出來的。當然我也絕對相信有真的靈異事件，但是有不少都是聯想出來的故事，而我們相信如果我們說出去，故事有可能變成：

「父親藉由附身在貓身上，完成吃雞腿的願望。」

「你看那野貓來吃一次從此後就消失了，肯定是老爸變的。」

有遺憾的事情，總是需要一些故事去撫慰，不是嗎？

自殺或他殺

某天中午，我們收到一名車內燒炭的男子。由於是夏天，天氣又十分炎熱，所以屍體狀況很糟，氣味很重。過了不久，家屬就來了。亡者的老婆超級崩潰，我帶她到冰庫後，還特地提醒她說可能會有些味道，有需要的話可以借口罩。

為什麼我會這樣提醒，有次就是遇到差不多的情形，一位往生者也是車內燒炭過世，許久後才被發現。當時來的是往生者的兒子，我也跟他說小心有味道，我可以借他口罩。結果他說：「他是我爸！能有什麼味道？你憑什麼嫌棄我爸臭？」

我聽到也只能苦笑道歉，一樣帶著他去看遺體。

屍袋一開，原本他要伸手摸他爸的，味道一出來突然退後大概三、四步，最後停在大概五步的距離看著他爸。

我說這個故事不是在笑這個先生，而是我覺得沒聞過屍臭的，無法體會那個是什麼味道。我也相信他是很愛他爸爸，但是那味道真的連我都無法忍受太久。

又離題了，這位太太聽到我的詢問也不回答我，只是眼睛直直地看著前面的屍袋。我看她沒什麼反應，就上前打開屍袋了。

屍袋一開，屍臭味立刻出來，那太太往前兩步，一看到是她老公，立馬撲上去抱著他：「你為什麼先走？你為什麼那麼狠心？你不愛我了嗎？你不愛這個家了嗎？你當初在神父面前說了什麼？」

這些話我是事後才回想起來的，因為我當時只顧著衝過去抱住她。她是警察陪同來看遺體的，因為這具遺體還沒做檢驗，所以最好不要碰觸他，以免有破壞遺體的狀況。

當時還請其他家屬來幫忙，結果那個太太先哭暈了。我們把她抬到外面，約莫過了五分鐘，那位太太醒了，她向警察指著旁邊的一個男子說：「就是他，他是殺人凶手，就是他，警察快點抓他，不要讓他跑了，你為什麼要殺了我老公？」

那男子一臉尷尬。

這故事後來我了解大概是這樣的：原來那個被說凶手的男子是往生者的哥哥，往生者是住在大家庭，跟親戚一起住，但是中年失業，可能打擊太大還在振作階段。

一天吃飯，他的哥哥說了：「只會在家吃閒飯，沒看過你找工作，我上班累得要死還要養你一家廢物，怎麼不去死一死？」

看到這裡，不知大家覺得，這是自殺，還是他殺？

後來所有親戚都走了，剩下太太跟一位應該是死者的姐姐在旁邊。太太死不肯走，一直在辦公室門口說：「姐，他沒死對不對，我們再看一次，他沒死對不對？我剛剛摸了他手還溫溫的，他沒死對不對？先生，請你再讓我看一次，他沒死你們不要冰他，他沒死！他沒死！」

其實我也不知道該說什麼，後來他姐叫了計程車，那太太也不上車。他姐姐請我把她扶上車，那太太只是叫：「放開我，為什麼你們不讓我在這裡，等一下他睡醒來了

找不到我怎麼辦？放開我，我在這裡犯法了嗎？放開我，快點放開我！我要告你性騷擾！」

人帥真好，人醜性騷擾……

哥一聽立刻把她抬上車，我不怕，因為我夠帥。這故事到這裡結束，因為後續我真的不想追蹤了。

不一樣又怎樣（上）

一天，跟往常一樣，開進一輛接體車，裡面載著遺體跟同行的家屬，也跟往常一樣，需要家屬幫忙填寫資料才能進來。當我們要問往生者與家屬的關係，這位家屬支支吾吾說是同居人，我們一看，亡者女生，這位號稱同居人的也是女生，看了身分證也沒任何關係，就問了：「還有其他家屬會來嗎？」

這位小姐默默地點頭，之後就站在旁邊等待。

等到往生者的家屬來了之後，也不見他們跟這位等待的小姐打招呼，總之就是把她當空氣。當我們要放下遺體將她推進冰庫的時候，只聽家屬說：「可以不要有閒雜人等嗎？」

我們也是苦笑地請那位小姐出去，那位小姐其實教養很好，也不讓我們為難，就出了冰庫的門口。等到出來之後，就看到那位小姐在外面哭，想說等家屬走了後她要進去看，我們都說沒問題。

其實我們也大致明白往生者跟這位小姐的關係，以及

家屬的態度。有時候，有些關係，不被家庭接受，不被社會認可，甚至說出來都難以啟齒的，我們都可以理解，也尊重。

但是，家屬的一席話，潑了這位小姐一盆冷水：「沒有我們的同意，不准她看遺體，她們什麼關係都沒有！」

其實這不是沒有先例的，有些遺體真的是家屬交代禁止探視，通常都是病很久或是狀況不好，不給人探視。

那位小姐一聽，當下呆住了，眼淚馬上像瀑布一樣掉了下來。後來家屬走了，那位小姐在冰庫外，只是哭著看著我們。但是，規定就是規定，有法定關係的人都這麼說了，我們還沒偉大到為了這件事情不要工作，於是我們只好都裝作沒看到。

不得不說這位小姐真的修養非常好，她也不讓我們太為難，輕輕在冰庫門口點一下頭，之後再跟我們點一下頭就走了。

之後也不能說常來，總之三天兩頭來一次，我們每次都不敢正眼看她。直到退冰的那一天，她還是一樣到冰庫，不說話，直接向我下跪。我立馬跳開，趕快扶他起來。

那天只有我一個人上班，其實就是開門讓她進去真的也沒差，但是我還是跟她說：「對不起不要為難我……」

小姐一樣哭，癱坐在門口，過了五分鐘，起來擦擦淚，向我點點頭，又走了。

旁邊禮儀師真的看不下去了：「你這個可惡的小胖，你真的要玩那麼硬?!有點人性好不好，呸我真的看你沒有！」

我說：「白痴唷，你們明天化完妝以後，就不是我們管了，是你們管，你們又沒有規定，要給她看多久就看多久，干我屁事！還不快打電話給她，你們要幫的話記得支開家屬，我是都不管。」

隔天遺體化妝完畢，禮儀師支開家屬後，我第一次看到那位小姐笑，也看得出來她有精心打扮。我們站在一

邊，看她慢慢地靠近棺木，第一句話就說：「我終於可以看到你了，記得這件我們約會買的衣服嗎？」

我只聽到這邊就不行了，我快步走到旁邊擦眼淚，其實哥的淚腺很早洩，撐不了多久，不管在醫院跟這裡磨練多久都改善不了。於是我就走出去幫他們把風，遠遠地看著這位小姐，在棺木前，似乎用盡全部的眼淚，來述說她們的相識、相知、相惜，旁邊的禮儀師不斷安慰，也跟她說眼淚不要流到往生者身上，他們會難過，而且妝花了也不好看。

大概三十分鐘後，禮儀師帶著這位依然戀戀不捨的小姐走了。過一會他回來拉棺木的時候，我還虧了一句：「嘿！家屬的話都不理，你的職業道德呢?!」

他笑著說：「如果我這樣會下地獄，甘願呀！」

我笑笑，換作我，我也是甘願。隔天出殯的時候，我點了支綠Marlboro，看著某組家屬跟著靈車走向火葬場，而隊伍的最後面跟著一個弱小的身影，似乎同組又似乎不同組，緩緩送著這位往生者的最後一程。

隊伍走了，菸也抽完了。我走回冰庫，準備繼續聆聽下一個生命故事。有時候，看見別人遇到似乎是這輩子最感傷的事情，但是對我來說，這只是眾多故事中的其中一個。

不一樣又怎樣（下）

那天後，我有跑去火葬場問這件事情，火葬場的人對這個案子也是很有印象，因為那位小姐一直跟著出殯直到火葬場。

過程中，沒有火花，也沒有交談；只有沉默的腳步及無聲的淚水。棺木慢慢推進火化爐的時候，家屬們在喊著：「火來了，快跑！」

這位小姐則是安靜地站在後面，不發一語。

兩個小時的火化時間，說長不長，說短不短，但是對於那些在外等待摯愛化成灰燼的人來說，卻是像一輩子一樣漫長。

據火葬場的大哥說，當時那位小姐，在等待火化的過程中，慢慢地走向家屬，似乎在跟家屬商量些什麼。原本不想理會那位小姐的家屬，好像被說動了，回頭看那位小姐，之後嘆了一聲，點點頭。

兩個小時過後，就是家屬進去撿骨的時間了。這位小姐還是站在旁邊，沒有參與撿骨的儀式，但是結束之後，家屬突然跟我們工作人員說：「麻煩分一些骨灰給她吧。」

那位小姐聽到後全身顫抖了一下，用感激的眼神看著家屬，然後從隨身包包裡拿出紅包袋裝骨灰。

家屬們看著那位小姐的反應，也是嘆了一聲，沒有說什麼。

由於骨灰入塔是要看時間的，而骨灰罐就會先放在我們公司，等待往生者家屬選良辰吉時再來拿。

其實後來我也忘了這件事了，幾個星期後，有天我上班，櫃檯的人問我：「還記得上次兩個女生那一件嗎？」

我想了想：「還記得呀！那個不好忘記吧！」

櫃檯的說：「那天領罐的時候那位小姐有來唷，她脖子還戴著骨灰項鍊……」

聽到這裡，我決定後續就不追蹤下去了。

至少到這裡，這件似悲劇的悲劇，在體諒之後，似乎就不是悲劇了。

至少，愛的人還守在胸口，這次，她不會再離開了。

這天天氣很好，一早藍天白雲，跟我一個火葬場的好友老林說：「靠，天氣好好，我好想去海邊或河邊唷。」

老林陰沉沉地笑了笑，也不搭腔。過不久我們的內線響了，是主管打來的：「小胖，接客，河邊，浮屍。」

我終於知道老林的笑容含意。

我想去河邊是玩水，不是去工作呀……

但是工作就是工作，我們一切就緒後，坐上公司的T5出發。我們公司的車很特別，不常跑，不過一跑就是警察通報的意外，每一具都很硬。

我載過最軟的應該是車禍但是沒有腸穿肚爛的，它五年只跑八千，但是每一公里都是送無名屍、意外死亡者到達一個可以讓他們休息的地方。

「T5一出，必有緣由，不是燒炭，就是跳樓。」

這是我們T5的辛苦的地方。

老林不會開車，所以看導航也是很慢，帶路帶得亂七八糟地。所以我們去到溪邊的時候，已經走了不少冤枉路，但當我們終於接近目的地的時候，老林又搞錯一個轉彎……

我直接靠北他：「你是會看不會看呀？這樣要走到明年嗎？」

就在我說完後，神奇的事情發生了，T5哥的雨刷竟然自動打開了，還刷刷了兩下，接著雙黃燈也自動打開了，一直在閃。之後，我們就看到警車在旁邊的草叢了……

這件事情，我到現在還記憶猶新，真的那麼神奇。下去之後發現辛苦的消防弟兄幫我們打撈上來了，是自殺，已經套了屍袋，鑑識小組也拍完了，我們只要抬上車就好。一上車我們就開始放佛經，慢慢地開回公司。

路上突然我口很渴，因為剛剛趕路都沒有喝水，我就跟老林說：「老林，等等幫我買瓶舒跑，我渴死了。」

老林說：「這樣會不會不禮貌？」

我就跟後面的菩薩說：「大哥不好意思，我真的口很渴，我先買個飲料，等等馬上載您回去，不好意思。」

然後就在旁邊的便利店停車了，看一下那招牌，嗯？不是我之前夜班下班常去的那同公司的便利店嗎？還真有緣呢～科科……

只見老林買完飲料走出門口後手上拿著手機，我心想，不妙！感覺回去應該還有一件要接。等到老林上車後，他打開他的舒跑，說：「第二件。」之後喝了一口舒跑。

我心想：「我就知道，不知道這次要去哪裡，而屍體狀況又如何？」

老林接著說：「八折，等等你給我二十塊錢就好。」

所以我很討厭說話慢的人。

「第二件八折」不能一次說完嗎？

總之沒事就是好事，就當我心裡有這樣想的時候，雨刷又刷兩下，雙黃燈又自動在閃。我想說奇怪，我們任務都達成要回去了，怎麼會這樣？

突然我手機響起，是我們的主管，我立刻開擴音：

「小胖，你在哪裡？」

「我大概再半小時回去。」

「快回來，你剛剛去的地方不遠有火燒車。」

我往旁邊一看，真的是濃濃黑煙，我以為那邊在燒稻草，原來是火燒車。（這又是另外一個故事了……）

但是我們的車不能開快，還是要慢慢地開回家。

等快到公司的時候，我說：「老林，你明天被鬼壓要跟我說唷～」

老林：「你在工三小？」

我：「如果不被鬼壓說不定我會被……」

老林：「不知道你在工三小。」

隔天驗屍的時候，老林火葬場忙完找我聊天。我看他一臉憔悴樣，很開心問他：「哈哈，你被鬼壓了吼，快跟我說被壓的故事！」

老林：「你才被壓，你全家都被壓！」

我說：「那你憔悴三小！」

老林：「我作了一個怪夢……」

我說：「喂夢境文不行啦，說不定我還是會被……」

老林一副不想理我的臉，說了：「我夢到昨天那個浮屍跟我說謝謝，還有錯了……」

我：「什麼錯了？」

老林：「我也不知道，所以才想來看看驗屍。」

我心想，一定是沒買舒跑給他，他才不開心。後來驗完屍我們就知道答案了，家屬有委託外面禮儀師幫忙處理，只看見他們驗完後披上一條白布，中間還有十字架。

真的錯了，這個是阿門的。

而我們給他放了一整路的佛經……

報應

大家或許聽過新聞，一些酒駕、性侵，會到殯儀館來勞動服務。但是真有那麼一回事嗎？有的，但是有什麼真正的生命教育嗎？我不能說，這次要跟大家分享一個故事。

我要說一個虐貓犯來這邊的故事，這傢伙要來這邊之前，主管看了他的犯案資料，覺得超過分的，所以希望我們可以盡量給他一些生命教育。

我本身是狗派的，所以沒感覺，只會叫他掃掃地，除除草，頂多洗洗屍盤，大概就這樣罷了。

主管說：「如果今天是你兩個狗女兒被這樣虐待你會怎麼做？」

我一向公私分明，今天不可能對酒駕這樣，可是對虐狗的不一樣吧？但是我應該會叫虐狗的用舌頭舔地或是舌頭舔屍盤吧！

所以主管就說，反正看你啦，今天是落在你手上！

我看到他的當天，意外地發現這個人長得斯斯文文

的，做事情也是很勤快，沒有什麼可以挑剔的地方。只是請他去洗屍盤的時候，他向當局投訴我們讓他看到屍體，讓他感覺不舒服。

想當然我們就收到一張黃牌，意思就是說不要太超過這樣。不過我覺得，這跟到餐廳打工說怕油，到工地上班說怕熱的意思是一樣的道理。笑死人了！

但是被投訴是事實，所以我們也只能叫他去外面掃掃地剪剪草，如果看到他偷懶再去唸他一下。但是就在他來了不久後，我們發現，他來做勞動服務的時候，都會有屍臭味。

一開始我們以為是有貓或狗死在附近，所以就展開地毯式搜索，還請老司機幫忙找，發現怎麼找就是找不到。而詭異的地方，是他不來的時候，就沒有味道。

後來想說，這個王八蛋！該不會又再犯了吧！

於是有天我趁他簽到的時候靠前去，在他身上聞一下，發現完全沒有味道！才知道那味道是在他附近，而不是在他身上。那種奇怪的味道也不是每人都聞得到，好像是我們這種對屍臭味很敏感的才有的感應。

有天一個師父經過看到他，就問一下：「你們這個新來的，不正氣，後面跟不少東西。」

我心想這個師父比上次賣佛珠那個爛賭鬼師父靠譜多了，問他說怎麼樣的東西？

「小動物，還是有身孕的小動物。」

靠！這就很猛了！

當初主管就是為了這個所以才叫我們好好照顧他一下的，這師父等等如果叫我簽下去我一定簽，太神啦！

我說：「會怎麼樣嗎？」

師父說：「應該不會，感覺有祖仙在保佑，那些動物應該過不久就散了，怨氣不夠重。」

其實神神怪怪我還不是很相信，不過這味道果然再過了一週後就淡很多，我們後來也是把它歸咎於「有小動物在附近死掉，過幾天乾了就沒味道了」。

而他勞動服務時數結束後那天走出去的模樣，讓我想起那個偷戒指的業者，剛換一輛新的C300。

這故事中沒有熱血地叫他洗大體，因為這是禮儀社的工作；也沒有叫他看那些可怕的屍體，做生命教育，因為我們怕他跑去投訴或是暈倒，到時候就變成我們虐待他；更沒有那種大快人心的出門給車撞或是生一場大病的結局，所以我才覺得，這個世界上沒有報應。

霸凌

記得那天大概晚上八、九點，我跟往常一樣準備去關禮廳的門，大胖也跟往常一樣巡邏。突然開進一輛接體車，進來的是一對面容哀戚的夫妻。我跟往常一樣請他們提供往生者跟申請人的身分證並填寫資料，但是看到證件時還是愣了一下：「原來是白髮送黑髮呀……」

其實我對習俗的事情不是很懂，但也知道白髮人不可以送黑髮人，而且站在那裡的他們看起來真的很可憐。

當一切資料填寫完成後，我們一行人將往生者送往冰庫，進冰庫前我會將屍袋打開別手環，順便檢視一下遺體狀況。老司機有趁家屬不注意的時候，提醒我說一句：「小飛俠。」

雖然這麼說大家可能無法接受，不過上吊我們都說「盪鞦韆」，跳樓是「小飛俠」，腐屍是「綠巨人」，燒炭是「小黑」，大致上就這樣。

我們為這些可怕的死亡代名詞安上不太可怕的稱呼，不過是想在處理這些沉重的事情時，可以讓我們不至於跟

家屬一起跌進情緒的漩渦裡，而且我們絕對不會在家屬面前提。也沒有什麼尊重不尊重，工作就是工作，該做的事情一件都不會少做。

故事說回來，雖然心裡有底了，但是打開屍袋的那一剎那還是被嚇到：頭骨破裂，滿臉鮮血，穿著制服。我看資料，死者是大概國中的年紀，當我要別上手環的時候，發現她手骨都外露了……

家屬比我想像中的堅強，或許淚在醫院已流乾，又或許有更重要的事情要去處理，情緒沒有太大的波動。

在他們離開前我問負責這案子的禮儀師：「這件怎麼回事？」

滿簡單的兩個字：「霸凌。」

那個小妹妹似乎在學校已經被欺負很久了，因為體型龐大被嘲笑，而且也跟家裡環境不好有點關係。做我們這行的很少看走眼，有些一看就是甘苦場的，很顯然這件就是。

他們離開後，我慢慢踱到門口抽菸，想起當年……

小時候我住在外婆家，大概七歲的時候才跟爸媽住，所以兒時的玩伴都沒再聯絡。我小學四年級的時候，我媽嘴上說為了讓我去台北見見世面，所以讓我到親戚家去住，其實我心裡很清楚，她是不希望我常常看到她跟爸爸吵架，以及債主上門來討債的場面。

於是我就跟當時的朋友都斷了聯繫，去台北讀書。我親戚對我非常好，甚至比對我表弟表妹都好，但是我真的很想家，所以讀一年就回家了。

回家之後跟朋友都不熟了，後來上國中，我又被送到別的親戚家，開始求學生涯中最坎坷的一年。

我讀的是私立國中，原本朋友就不多，能來這間學校的朋友就更少了，換言之，我的人際關係從零開始。我當時自作聰明，愛用「請喝飲料」這一招，以為只要常常請人喝飲料就交得到朋友，於是我把省下來的零用錢用來請人喝飲料。

不得不說，這種做法的效果十分顯著，我的朋友變多了，但是也變隨便了。這些用「飲料」買來的朋友，有時候不管三七二十一，想用錢就直接從我皮包拿；有時候直接跟我借錢，五十一百的，可是從來沒還我。但為了交朋友，我都忍下來了。

直到有一天，我跟朋友閒聊提到了雞肉，我說：「我媽在家裡會養雞，過年我還會幫忙殺雞。」

那些朋友一聽，就說：「難怪你有錢，你媽當雞吧？睡你媽一晚多少？」

當我恢復意識時，發現人已經在校長室了，那些朋友說我用手臂勒了那個臭嘴王八蛋，差點勒死了他，直到老師把我們分開。

想當然，被罵一頓後就是被排擠的開始！

「開不起玩笑！」

「噁心的胖子！」

他們在我抽屜丟垃圾，在我桌子上亂畫，詛咒我沒有朋友，但是不再敢罵我媽半句，因為他們已經領教過後果了。

幸好這樣的生活只有一年，一年後我們舉家搬遷到北部去了，說好聽是要去北部發展，講難聽就是債主太多要跑路。於是我也開始新的生活，然後我學會笑，學會耍白痴跟幽默，也因此，在那之後的日子都很順遂，直到現在，我跟公司的老宅說起當年被欺負的事情，都還是笑著說。老宅聽了以後，說他現在才知道我開朗外向的表皮下藏著自卑跟悲傷……

想到這裡菸也抽完了，又來另外一個進館。處理完進館後，我走到那個跳樓妹妹的遺體前，誠心跟她說：「妹妹，我知道你沒撐過這一關，我也不知道你是對是錯，如果你想找人聊，我可以陪你聊兩句。可能有點來不及，但是我想跟你說叔叔撐過了，雖然現在不是說過得很好，但是至少沒有讓父母難過，當初那些欺負人的，現在也是他過他的我過我的，頂多有時候我查一下系統，看看他們死

了沒有這樣而已。如果晚上你想找人聊，來找我沒關係，叔叔等你。」

我說完要走出冰庫的時候，激情也過了。我分析一下我自己，又想了一下那滿臉鮮血，我走回去補充：「妹妹，外面有一個叔叔叫做大胖的，他穿警衛的衣服，坐在警衛室，他跟我很好，不管遇到什麼事情都會跟我說，你可以跟他說沒關係，他都會告訴我的，叔叔上有老下有小的，不太方便……」

回到冰庫的路上，我順便走到販賣機那裡，買了最貴的大瓶麥香，二十八塊，拿去給警衛室裡悠悠打盹的大胖。他笑逐顏開，我看著他很開心的臉，不禁轉頭拭淚，這世界究竟什麼時候才能給老實的人一條生路？人心呀……

當時我上小夜班，下午四點到深夜十二點。早上發生的事情我不知道，但我上班的時間從來沒看過任何一位跟妹妹年紀差不多，或是穿校服的人來給她上香。

這件辦得很快。之後有人問我自殺能不能解決問題，如果我想到她，就會回答說：「別鬧了！問題還在那邊沒有解決，難過的只有關心你的人呀！」

鬼來電

這天無聊，我跟老大坐在一起看電視節目，剛好那集在介紹正妹禮儀師，於是老大開始跟我說了一堆八卦。老大在這行吃得很開，之前那些正妹禮儀師他多少有合作過。還記得那集電視節目大概一個小時，老大說可惜沒有談感情，不然這集大概可以做到兩個小時。

說著說著我就問他，這行待那麼久，有沒有遇到鬼故事？他想了想，說：「我們殯葬所附近那家的老闆，有天半夜，他安完靈回到公司，就看到路上有隻殭屍在跳。老闆很是害怕，但老闆想，我這輩子沒看過殭屍，我又開著車子，真的不行就直接撞下去。

「於是就開靠近過去一看，原來是阿明，阿明穿著壽衣，頭上貼了張符在馬路上跳來跳去。老闆就搖下車窗說……」

「我知道，他說王八蛋！」

老大很吃驚，問我怎麼會知道？我笑他這種故事不行啦，這些故事都是要出書的要求比較高，說出來只會被讀者噓，有沒有很可怕的那種？

老大說：「那個阿明後來被8+9帶去後山⋯⋯」

我說：「不行啦太可怕讀者也不買單！」

於是老大又陷入思考，這時候火葬場老林剛好來打屁，說了一個故事：「我上禮拜支援夜班的時候，有接到奇怪的電話，是內線，冰庫打來的，只有女生喘氣的聲音。」

我說：「這個不算吧，之前夜班外面六組同時在做頭七，我看著電動門開開關關十分鐘我都不敢說了。」

老大說：「對呀！我夜班的時候只有我跟警衛兩個人，我聽到無線電有女生嘻嘻笑的聲音也要拿出來說嘴嗎？」

老林指著日曆上的兩個日期說：「這兩天接到的，那天剛好有收到一個女生上吊。」

我們看一下那兩天，剛好是冰庫電話不能用的那兩天，因為當天早上有勞動服務的白痴在剪草的時候把我們冰庫的電話線剪掉了⋯⋯

貓

其實我前面用一篇介紹大胖是有原因的，因為夜班就是我跟他兩人的故事。其實除了大胖以外，還有另一個警衛，但我跟他的關係不太好，他比較難溝通，所以有事情我幾乎都找大胖，跟大胖幾乎已是某種程度上的難兄難弟。

這天我是上大夜班，不巧大胖也是。大胖最近把他的手機停了，因為他根本不需要，也沒在打，有事找家人的時候會來辦公室借電話，而且他說最近只要十一點一過，就會接到怪怪的電話，接起來會有一些怪聲音。

我只是安慰他別想太多，人只要安分就不會有事情，除非有人要陷害你，不過要先過我這關。大胖笑笑，感覺得出來他把我當成朋友了。我笑笑，也是很高興他的成長。

但是快樂的時光總是不長久，大概半夜兩點多的時候，附近一群自以為夜闖殯儀館是顯現自己膽量的年輕人，開著車進來甩個尾就出去了，還撞死了我們的貓。

我們殯儀館裡有一群狗跟四隻貓，而我手上有一組動保局的電話號碼，我知道把這個號碼撥通後會變成沒有貓也沒有狗，但是想說只要牠們不要太囂張，還是不要殺生好了。

今天被撞死的是一隻黑貓，我是狗派其實是有原因的，夜裡殯儀館的貓，真的是頭痛人物，偷吃祭品不說，半夜發情也就罷了，有時候我去關禮廳門的時候，發現如果布置場地不關門的話，會有貓在入殮完的棺材上趴睡著。

我來上班只有前三天帶著手電筒巡邏，之後都不帶手電筒了，而且為了避免麻煩，我們也懶得開燈，會直接摸黑去關門，也因此常常會被貓嚇到。

我記得民間有一個習俗是說貓不能跳過棺材，否則會有「詐屍」的情形出現。老實說，我就看過兩次貓跳棺材，一次是蓋著的，所以感覺還好，另外一次就可怕了。

講起這一次看到貓跳棺材的經驗，我還餘悸猶存。記

得那天，有一具遺體入殮好推到禮廳，但是規定是入夜後就不蓋棺木，於是禮儀師把棺材蓋擱在棺木旁的牆壁。而我通常摸黑去關門，因為我害怕有光線的話，會看到亡者的臉孔，或者看到他們突然張開眼睛之類的事情發生。

這天我去關禮廳門，我走到後門的時候，就看到一隻黑貓，在我面前跳過棺木。我呆了大概有十秒鐘吧，緊抓著手上的對講機，想說如果那位菩薩坐起來的話，我要跑還是找大胖。

那隻黑貓好像看我的反應有趣，又再度跳過一次，這次還對著我喵了一聲。這時候我也反應過來了，馬上轉身走，然後打開對講機叫大胖馬上過來禮廳，把鑰匙給他：「我回辦公室大便，剩下禮廳幫我關一下門。」

十分鐘後，大胖平安無事地把鑰匙還我，我才知道什麼貓跳過去屍體會坐起來是騙人的，我們大胖都不怕了有什麼好怕的！

直到有一天一個禮儀師跟我說：最好是剛往生不久

的，貓跳過去才有用。

這個我真的不想證明，雖然每天都有很多的機會。

故事回到那隻被撞死的黑貓，那天大胖看到後很難過，問我怎麼辦。我只好說：「方法很多種啦，你狠一點就掃起來丟子母車，好心一點就幫牠埋了，有錢一點的話帶牠去燒，超級有錢的話你跟附近的寵物葬儀社談談吧！」

大胖愣了一下，他說他這個月的薪水一發下來，我就在旁邊慫恿他抽紫變，還騙他晚上十二點的時候去納骨塔抽，說那邊各種別人的祖先保佑，現在只剩到月底的吃飯錢，而且連紅變都沒中。而我本人一號發薪五號月底，也沒錢幫他。

大胖想很久，後來決定拿把鏟子，把牠帶去後面停車場埋了，走的時候我還不忘給他鼓勵：「加油，大胖！好心會有好報的。」

大胖一聽，轉過頭來給我一個堅定的眼神，剎那間

我覺得大胖好像更高更胖了。他走沒幾步後，我又補了一句：「後面停車場還沒蓋的時候是亂葬崗唷，記得不要挖一具帶回來呀！」

聽到這句話後大胖的腳步一拐，好像突然轉向，要帶著貓屍往垃圾車那邊走了。我心裡想：「呸，這胖子好沒用。」

但接下來發生的事情，讓我很感動，原來大胖是去垃圾場那邊找工具，他還真的在亂葬崗改建的停車場把牠埋了。

隔天我們又是同一個班，我上班前有餵貓的習慣，因為我妹買了一堆她家貓不吃的飼料，而我覺得浪費，所以全部都拿來這裡餵貓了。

跟往常一樣，我把飼料分成四份，大胖走過來難過地說：「三份就好。」

我不理會他，一樣分四份，貓群這時候靜悄悄出現了，除了老面孔三隻外，這次多了一隻橘貓。

我跟旁邊呆住的大胖說：「殯儀館裡面的貓，真的很邪門呀。你不是第一個埋的，之前我就處理過一隻摔死，還有一隻被狗咬死的，可是隔天你還是會看到四隻在這裡呀……我前輩跟我說的時候我也是不信，所以我才一直說這邊有四隻貓一群狗，不只是說說的呀！」

大胖說：「怪不得以前有段時間我也覺得貓的顏色怪怪的，好像真的有這麼一回事。」

一陣寒風吹過來，我們慢慢地回到各自的工作崗位上，突然背後一陣冷，覺得身後的貓，眼睛似乎盯著我們不放，而嘴角露出一點微笑。

一直到今天，我都覺得貓很邪門。

割腕

今天上大夜班的時候，我看著大胖比平常有精神，穿得也比較整齊，便問他是不是要約會。他神祕兮兮地跟我說：「我收到消息，明天會有大場，前總統要來，我要看能不能跟他排隊握手。」

我說：「哪一個？」

他偷偷在我耳邊說了一個名字，我看看他的手，又看看他的臉。大胖對我的反應很好奇，問我到底在看什麼。我回答說：「我好像快可以知道你冰不冰得進冰櫃了……」

這時突然一輛車行駛進來，裡面的老司機是新來的，他們老闆說是剛畢業的，而且還是相關科系，不但做事超級認真，人又長得帥，長長的睫毛，白淨的臉蛋，身高大約一百八十五公分，有著靦腆的笑容，搭配著穠纖合度的身材，我身邊的大胖每次看到他都偷偷地吞口水。

這次下車的是一個中年人，神情悲傷，叫他填寫資料的時候他也是恍恍惚惚地。我拿到身分證，就知道為什麼他是這種反應：喪女。

有時候覺得喪子喪女的，真的很心酸。這次的亡者還比我小兩歲，正是花樣年華的年紀啊！我趁家屬出去外面講電話的時候，偷偷問一下老司機，這件狀況如何。

「割腕，手放在臉盆裡面的，到現場手已經泡爛了，所以等等上手環的時候要避開左手，剛剛車上有聽說是分手後走不出情傷，唉。」

看過那麼多自殺理由，我對為情自殺的事件一直都百思不得其解。也許是我在情關上的體悟甚少，認為沒必要為此自殺。當然啦！每個人有每個人的難關，過不去的就是過不去！

不過，我倒是滿欽佩選擇「割腕」的人，因為割腕自盡這種方式有很多時間和機會可以反悔，而且過程又很痛苦，在那麼多自殺方法裡算是很狂的一種。

等到家屬都到齊了後，我們就開始往冰庫移動。當我要檢查屍體狀況跟上手環的時候，看那小姐第一眼，心

想：「啊！可惜了一個美女。」

雖然屍身已經開始發黑，也有臭味了，但仍看得出是一個美女。

由於怕家屬看久了情緒會崩潰，我上好手環就立刻蓋上屍袋，讓她先進去裡面休息。

這件事情我沒有很在意，畢竟我們每天看到的太多了。直到有一天，我再次遇到那個新來的老司機，他還很菜，什麼都需要學，所以常常來冰櫃工作，不常待在辦公室裡面，我們也很有話聊。

那天我突然看到他換了一個鑰匙圈，史迪奇的，我就問他：「你幹嘛換那麼娘的鑰匙圈？」

他說：「這件事說來奇怪，我跟這鑰匙圈很有緣，這鑰匙圈是上次那個割腕的小姐身上的，因為驗完屍後她媽媽怕觸景傷情，所以把它丟到垃圾桶，我那時候驗完屍要離開，一個警察不小心撞到垃圾桶，那個鑰匙圈又掉了出來，我同事突然惡作劇把那個鑰匙圈撿起來別在我的鑰匙上，我就懶得拆下來了。」

身為一個鄉民，我就問說：「那有發生怪事嗎？」

他笑著說沒有。

幾天後我再次遇到他，那時候的情況就有點不一樣了。他說：「哥，我最近真的怪怪的，我那天跟我女朋友去看恐怖電影的時候，我明明坐在靠牆兩人座，但是看到驚悚的部分的時候感覺左手右手都有人抓我。我女朋友短髮，但是家裡最近多了一些很長的頭髮，上次我去逛街的時候，明明覺得有人牽著我的手，可是我問我女朋友，她說她都沒有牽。就連晚上我回家休息的時候，明明我女朋友不在，可是就感覺有人在我耳邊吹氣。」

我想了一想，問他：「鑰匙圈還在嗎？」

他才想到：「對吼，是不是這個問題呀？」

說完正要順手把鑰匙圈拆了，我阻止他說：「不然給我戴好了，反正我也都沒在怕的，感覺你突然丟掉說不定她會去找你報復。」

仔細想想，其實這樣也不錯。記得本魯叔我上次牽著女生的手，是昨天上手環那位久病上吊的阿姨，呃……不要算這個好了；記得我上次牽著女生的手，是一個正在做復健的老奶奶，呃……這個也不要算好了；記得我上次牽著女生的手，是一個來台灣打拚的日本妹，只會三句中文單字：「哥哥」、「錢」、「謝謝」，呃……這也不要算好了。

其實我真的沒有跟人牽手逛街的經驗，說不定鑰匙圈給我，是一件兩全其美的好事。戴上鑰匙圈後我站上體重計，看著上面數字又增加不少，感覺似乎真的有人跟在我後面。

當我正考慮過兩天休假要看什麼電影的時候，史迪奇在隔天突然斷了。我呆呆地看著那個鑰匙圈，想說她應該是時間到了要去投胎了，也或許是她跟到一個不錯的男人一陣子覺得此生無憾了，又或許是因為她越想越不對勁，想去找前男友報仇了。

我看著辦公室裡的鏡子，或許還有一個更殘忍的原因，我不敢去想。

夜裡我跟著手綁紗布的大胖一起巡邏，這事說來奇怪，那天他握手回家後不知道為什麼，趕公車的時候跌了一跤，現在左手包著紗布。我看著他，有種自己比較幸運的錯覺。

幾天之後我再看到那個新來的老司機，發現自從他拔下那個鑰匙圈以後，真的好很多，不然他女朋友都以為他有外遇了吵著要分手，現在倒是很穩定。

不過，我倒是很好奇他是哪個學校相關科系畢業的，他都笑笑地不說。直到一天看到大熱天他打赤膊露出胸前的龍頭，加上他異常工整的字跡。我就問他之前哪裡蹲的，他回答說台北，那相關科系是指？他想了想後說：「之前我用刀子把人送進來，現在我開接體車把人送進來，才知道原來人離開之後，不是一個人消失，是一個家庭不見。我不想有一天我爸媽變成驗屍室外面那群人，所

以想找個工作好好做，幸好有學長帶路，不然我要找工作也很難。」

我好像漸漸可以體會有些老司機，為什麼都任勞任怨，好像二十四小時都在待命等工作，或許是為了錢，也或許是為了替年輕時的不懂事做些心理上的彌補吧！

墜樓

這天早上，同事老宅接到一個案件，電話那頭的警察說，有人「吊」在柱子上，於是老宅跟老大準備了梯子跟剪刀，就出發了。

一到現場，才發現跟警察的溝通有點錯誤，是有人「掉」在柱子上，是墜樓，使得帶著工具的老宅有點尷尬。

聽老宅說，當時就看到一個腸穿肚爛的屍體，兩眼直勾勾地盯著你。原本不知道如何將他搬移下來，幸好這次消防人員也到場可以幫忙，但圍觀的人很多，所以他們將遺體放下來後飛快地拍照，然後快速地運至公司。

其實我對於屍體的形容詞彙不多，但我第二天看到的就是腸子跑出來，肚子破了一個洞，死相其實滿淒厲的。

第二天的工作就是驗屍，當家屬到來的時候，我直接呆住了。來的是一個懷孕的婦人，牽著兩個小孩，茫然地站在家屬休息室門口。小孩子都不大，我幫他們開門時還聽到小女孩天真地問：「媽媽，我們來這裡幹嘛？」

媽媽不說話，摸了摸小朋友的頭，後來陸陸續續就有些家屬到來，等待法醫跟檢察官驗屍。

這時候剛好那個爛賭鬼師父經過，記得那天我問他說：「欸，像這個六樓跑到頂樓跳樓，這樣六樓算不算凶宅唉？」

師父說：「照理說他自殺的念是從六樓燃起，因為這樣才走到頂樓跳下來自殺，所以說他應該是從六樓每天一直跳到那個柱子上做輪迴，而不是頂樓。如果你想買的話最好做場法事。」

我說：「你是不是想騙我法事錢呀？」

師父說：「媽的，你也太看得起我了，老實說我道行不夠不敢亂做法事，不過我可以介紹老師父給你認識，他滿厲害的。」

我說：「你不賺？」

師父：「我賺仲介。」

我白了他一眼，突然又想問：「那還有別的方法嗎？」

師父想了想：「一般靈會停留在這個地方，就是這地方他很熟悉，是他生活的地方，不然你把隔間敲掉，門給他打開通風兩三天，重新裝潢，這樣如果他過來就是私闖陽宅了！」

我雖然覺得他說的好像有點道理，不過還是半信半疑的，突然間他塞了一張名片給我：「我小舅子做裝潢的⋯⋯」

話又回到這個媽媽，依據我的資訊大概是，夫妻來北部打拚，而老公受不了要繳房貸又要養小孩，直接跳下來解脫了。

而這問題真的解決了嗎？我們後來得知他老婆為了養小孩，用一種很誇張的價錢把房子賣掉回南部。其實那間房子貸款也還剩滿多的，算是賠本賣。

等到告別式那天，我看著憔悴的少婦挺著肚子，帶著兩個小孩跟在棺材後的身影。我抽支菸問老宅：「你覺得

他算解脫了嗎？」

老宅他有妻小，不像我一樣光棍。他回答說：「他只是自私地把問題丟給親人而已。」

但其實在我內心，不知為何，我覺得其實在棺材裡面的他，已經不用煩惱他不想煩惱的事情，而得到真正的解脫了。

沒處理好

今天原本是平凡的一天，看著時間是晚上十點，再過兩個小時我就可以下班了，我就跑去跟大胖閒聊。看著他越來越適應這樣上班的生活，我也很欣慰，於是就問他：「大胖，這樣上班不錯吧！自己賺錢自己花，你看你現在玩遊戲都不用跟你父母拿錢多好！」

大胖笑了笑，彷彿同意我這句話。我又說：「你看，你這樣跟在家裡蹲哪一個比較好？」

大胖說：「白痴喔當然是在家裡蹲呀！」

很顯然大胖還沒被玩壞，還是知道不用工作最好。我們聊著聊著突然一個禮儀師跑過來辦公室，請我打開他們的禮廳門。我心裡很好奇，為什麼他們明明就布置好明天告別式場地了，還要我幫他們開門。

原來是他們家屬回到家睡覺的時候，父母都同時夢到他們兒子說他要的東西沒處理好，覺得心裡毛毛的，於是特地請禮儀師來幫他們到禮廳看看有什麼不妥之處。禮儀師也很衰小，半夜快十一點被吵醒。

到了現場看了一圈，覺得其實布置得不錯，該有的都有，連紙紮都做了一堆。聽說他們兒子生病死掉，而且很宅，所以家屬燒了很多東西給他。

突然禮儀師說：「唉，如果這時候有一個會通靈的就好。」

我靜靜地看著警衛室，心裡很掙扎要不要用這招，不用的話我不知道要陪這禮儀師玩到幾點。就在我下定決心，準備去買麥香的時候，突然往旁邊一看，終於！找到原因了！

「你們燒PS4不燒搖桿，是我的話我做鬼也不會放過你的！」

放下

今天天氣不錯，老宅拿出他的毛巾，打算在這美好又沒事情的下午好好擦拭他新買的愛車。老宅雖然大我一輪半，但是我們還是很有得聊，他買車之後常常說，如果他沒有結婚，又年輕十歲的話，他會開這輛新車去夜店外面撿屍。

我笑了笑，回了他說，我也會撿屍體，不過我都開公司車。

從此老宅不再談他要撿屍體這回事。

突然我們看到一輛接體車開了過來，就知道我們有事情要做了。下來的是四位女士，年紀大概是中年，往生的是她們的姐妹，一樣先請她們填寫資料，當我們要將遺體冰存前，四個姐妹突然問是否可以給她們一些時間，她們有事要跟往生者說一下。

當然我們就稍微迴避一下，但是我們的目光還是移不開往生者，畢竟還是要看著，不然遺體多了什麼損傷我們可負擔不起。

只見她們待在遺體旁邊，代表發言的姐姐說：「妹，你先走了，你已經沒病痛了，要學會放下，不要牽掛，我們會在人世間幫你處理後事，你要安心地走，不要留念，身體只是軀殼，要快點去投胎，世間的事情不要擔憂。」

這段話聽起來滿溫馨感人的，往生者沒有子嗣，而她們五姐妹只有一個結婚生子。之後每天我們規定的探視遺體時間，不管天氣如何，總是會有這組家屬準時出現，就算沒有全到，至少都會有兩人到，直到出殯。

詭異的是，她們總是都說一樣的事情。這番話聽一次真的是溫馨感人，但如果是每天都聽到，就滿奇怪的。

出殯的那天，我跟老宅一起上班，看著她們最後瞻仰遺容的時候，每一位都是眼中帶淚，而又不斷地說那些從第一天進來時，在往生者耳邊說的話。當她們移至火葬場的時候，老宅問我：「小胖，你覺得是站著的放不下，還是躺著的放不下？」

我思考一下，回答說：「應該是這麼說，站著的覺得躺著的放不下，所以才天天來說話，導致站著的也跟著放不下，而究竟躺著的她有放下嗎？或許誰也不知道。」

我點了支菸，老宅也點一支，同時也順便問我說：「那你有什麼放下或放不下的嗎？」

我吐了一口煙，開始陷入思考……

那年，我二十歲，開始人生第一份打工。當年法定時薪是九十五元，或許是我沒經驗，加上我是個肥宅，找工作真的不太順利。家裡附近的便利商店老闆看我剛出社會，願意給我一個機會，沒經驗試用期第一個月時薪六十五元，一個月後變成七十五元，之後慢慢調。

當時我也真的是白痴，覺得有人給我機會我就去上班。進去之後，才知道那家便利商店好像沒有正職，只有一堆工讀，老闆沒員工的時候也兼大夜，因為大夜班會多一百塊津貼。

做了快半年後，我的時薪已經達到一小時八十八元那麼高，加薪幅度滿大的，呵呵……後來老闆看我做得不

錯，問我要不要多學一點，可以去參加店長訓。我想說多學一點有好處，所以在沒有交通津貼的情況下每天騎五十分鐘的機車去上店長課。那段時間也不能配合排班，所以賺得也少，等到結業的時候，我以為終於可以有正職缺了，結果我還是打工的排班，然後我的工作升級成店長的工作⋯⋯

唯一開心的是，我的時薪快到達法定最低時薪標準了：九十元！！！！

做了幾個月後，有天跟當初在店長訓認識的店長聊天，聊了之後才知道自己的待遇有多不合理，於是我跑去跟老闆談，希望可以提高待遇。老闆不說話，後來每天來公司看監視器，說這個不行那個弄不好，搞得我也不太敢提了。

後來想想我還是直接去直營店好了，反正我都受過訓了，履歷應該不會太差。

於是我請當時認識的店長幫我問直營店的職缺，孰知直營店的店長竟然打電話給我們老闆說我想跳槽，而老闆也直接在電話裡中傷我，說我品行不好……

我得知後氣得直接離職。可惡！又不是不在這裡做會餓死還要低聲下氣！

這件事就這樣結束了。

這件事情之後，我常常願意去做沒人想做的工作。若說我在當中學到了什麼，就是我領悟到了只要肯做那些沒人要做的工作，就可以少看別人臉色，只要肯多努力學習冷門的知識，就不會餓死！

說實在的，這個經驗讓我成長很多，但是我對那個老闆的所作所為還是感到憤憤不平……

經過四姐妹的事情後，我突然想下班來去看看當年的老闆。哥是買不起房的無殼蝸牛，早就搬離那邊了。回去後看到那個地方，便利商店依然是當年的便利商店，老闆依舊是當年的老闆，聽店員說他當天會來上大夜班，於是我打算晚上去見見他。

當晚，終於再見到了當年那位老闆。老闆的氣色跟以

前一樣好，沒有馬上認出我，是我主動跟他提起，他慢慢回想起來有我這一號人物。我們在店裡寒暄，我默默打量他，發現他行頭依舊不錯，也領悟到我當年的離職對他的生活毫無影響，反正他還是立刻就找到新人，一切彷彿只是一場我覺得自己很重要的鬧劇。

我才發現自己很愚蠢，早該放下了。

離開後，看著前老闆的笑容，彷彿是告訴我：傻孩子，這裡有你跟沒你都沒差呀！不要以為自己很重要！

於是我做了一個決定，每次我出任務後，我都不拜小老闆，或是有凶案驗屍後，我都不回家洗澡，下班後直接過去這間便利商店，嘗試在這裡「放下」些什麼東西……

我書讀得不多，我想這是天蠍座的我所理解的「放下」了！

有時候，活著的家屬都會因放不下而做些什麼，讓心靈有慰藉。這倒也不見得是一件壞事。而我因我的放不下，而有所成長，讓我生活並不無聊。

套路不對

這天晚上上班前我突然作了一個夢，夢中跟福伯在閒聊。福伯是我還在當照服員時認識的，我們的關係很好。自從我離開醫院之後，就再也沒看過他了。

福伯退休前是個老師，每天晚上九點睡覺前都要看本書才睡得著，重點是每次都看同一本，我去那裡上班的第一天到我離職的那一天都沒有換過別本，個人覺得還滿鮮的。

這邊補個飄點好了，福伯有一個死對頭，他們每次都在早上五點同一時間起床，然後一起衝去按摩室，使用那邊的按摩椅。按摩椅只有一張，所以使用按摩椅的人會把按摩室的門關起來，下一個排隊使用按摩椅的人就得在外面等，有時等得無聊，可以自推輪椅繞一圈打發時間這樣。我們整個護理之家也只有這兩人早上會用按摩椅，而他們都很愛搶先使用。

某天，福伯的死對頭壽終正寢了，我們悄悄地把他送下去，沒有太多人發現。而那老伯伯也不是他室友，所以

福伯壓根兒不知道這件事情，以為死對頭去急診作客了。

而在死對頭走後幾天，福伯就覺得很奇怪，最近他每天早上按摩室都搶輸，因為當他五點去按摩室的時候，門都打不開，然後推輪椅繞一圈回來的時候，門卻又可以開了。

正如我所說，這按摩室早上只有他們兩個人用，沒有第三個人會用。有天他偷偷問我說，他的死對頭到底是多早起床？我才告訴他真相：「你的死對頭已經不用輪椅了，他當然比你快。」

從此之後，再也沒有人在早上使用那間按摩室了。

言歸正傳，當時在夢中的情境其實很平淡，我們閒聊著，他告訴我他現在下棋贏了誰，哪個兒子跑來看過他，哪個孫子帶蘋果給他。而我告訴他，我最近工作不錯，在哪個大樓下接體，哪間餐廳吃大餐，哪間套房……總之我們話家常，到了最後，福伯說了句：「我累了，我們下次見。」

聽到這句後我就驚醒了，看了看手機的行程表發現當天是我上大夜班，我總覺得晚上應該會有什麼事情發生，畢竟有些事可能冥冥之中就注定好了。

我上班的一整個晚上，都注意著外面要進館的接體車，只要一進館我就看一下是不是那個福伯。詭異的是，他居然沒有被送來。我回過頭想想，說不定他已經送來了，只是我沒機會遇到。所以我查了一下最近送過來的名單，居然也沒有，這不太對呀。我又想說，可能要過幾天才送來，是我太著急了。於是我又等了他兩天，還是沒看到。後來我真的受不了，跑回去之前服務的護理之家探望他。

我很不喜歡回來護理之家，雖然我在這邊工作的日子真的很愉快，但我很念舊，每次回來都怕會少一個人。這份工作很累，但是可以跟那麼多老人家相處聊天，聽他們講古，讓我越來越珍惜我與外婆相處的時間。

還記得前面我說那個五千塊放沙發底下的老奶奶嗎？

我離職的時候去她房間跟她道別，她是做豆腐起家的，於是我就去跟她說：「奶奶，我要去賺大錢了，做豆腐不好賺。」

「你不是剛回來怎麼又走了呢？我叫你爸幫你加薪，留下來幫忙好嗎？」

「奶奶，我想賺錢買大房子，買了之後再帶你去住。」

奶奶不說話，她把手伸到旁邊的櫃子上面拿了一個東西給我：「這是保險箱鑰匙，裡面有東西是要給你的，去日本後要好好努力，那邊不像這裡一樣好過。」

我知道她為什麼提日本，因為當初那個孫子去日本後，就很少回來了。

她的家屬其實也很喜歡我，因為我都會陪她話唬爛，當她假孫子。當我離職的時候他們真的有把當初不知道哪一張沙發下的五千塊包成紅包給我，而且還比五千多很多。但是我沒收，因為我真心覺得那是我應該做的事情，而且她也已經從旁邊櫃子上拿出禮物給我了。每次夜深人靜的時候，我看著當初她交到我手上的禮物：肛門塞劑，總是會想到有一個很排斥被塞屁股的可愛老婆婆。

話說當我回到護理之家的時候，護理師告訴我說福伯在交誼廳。我心裡想，不對呀，怎麼可能還在交誼廳，應該是要在我公司那個套路才對呀。

等我走到了交誼廳之後，我好像知道答案了。

福伯躺在輪椅上，頭微微向上揚，眼睛緊閉，雙手緊握，面對著窗外。午後的陽光從窗戶中照了進來，照在他的臉上，一切看起來是多麼安靜祥和，彷彿是在等著我的到來。

到了最後，他還是需要我的服務。慢慢地，我走到他旁邊，想在最後再次看著那曾經跟我聊東聊西，聊歷史聊八卦的老伯伯。為什麼不再等我一下？很希望他再次跟我說他的當年。

就當我沉浸在哀傷的時候，福伯的眼睛突然張開，瞪

著我，一臉疑惑。

可惡！太久沒回來了，忘了這老頭喜歡在這裡晒太陽午睡。

大約過了一分鐘，他想起我了。這對一個老人家來說不容易，而對我來說是很有成就感的一件事情。福伯開始跟我話家常，跟夢裡的場景一樣，問東問西聊南聊北，但是我沒跟他說我現在在哪裡工作，畢竟在這邊生活的老人家大多數都不願意面對死亡這一道關卡。

當他問我現在做什麼的時候，我想一想，冰庫，接體，就說：「福伯我現在做冷凍物流的。」

而我也不敢告訴他其實我今天來是要看他……那個了沒有。

離開的那一刻又是一個讓人很不捨的時刻，我拍拍他的肩膀，跟他說：「下次見。」我希望這個下次見，是我來護理之家看他，而不是他來我現在的公司見我。這個夢境，雖然套路不對，但是結果我很喜歡。

中秋前夕寫下了這篇，因為我塞了很久的車回去看我最愛的外婆，塞車很累，但是看到她後，其實再怎麼累都不是重點了。

希望大家也可以在佳節和心愛的人好好團圓，因為每每我們跟人說「下次見」的時候，都不知道那個下次，是什麼時候，而且是在哪裡見。

只有自己看得到的「東西」

這次要跟大家說的是一個，在某個玩水的地方，媽媽為了救小朋友，溺斃的故事。

這個事件不是由我們去接的，而是由別家業者載來我們公司。當載進來時，屍袋一開，眼睛、鼻子、嘴巴，都有血冒出來。或許是因為當時水壓的關係，又或許是民俗說的死不瞑目，反正來的時候一看就是那樣。

當時她救的那個小孩沒來，聽說在急救，家屬也不太敢看，所以就把她臉上的血擦一擦，就推入冰庫。

後來家屬來看的時候，是父親帶著小朋友來，還有一個穿得破爛的啞巴阿伯。似乎他們有三個小朋友，一個在急救，另外兩個沒事。我觀察到，他們在看亡者的時候，相當冷漠，沒看到臉上悲戚，也不見有眼淚。

說到這裡我覺得自己很膚淺，感情是發自內心的，而不是表達在外面的。但是我怎麼想都覺得奇怪，反倒是那個老伯，每次來都不進來冰庫看，只是在外面大哭。

他是個啞巴，所以那沙啞的哭聲很吸引我注意。不過那家人似乎都跟老伯保持距離，來的時候跟走的時候都是一組在前一組在後，這點滿奇怪的。等到那個救出來的小朋友來的時候，也很奇怪，一樣沒見到大哭，也沒有什麼哀傷的表情，就這樣淡淡地看著，而啞巴阿伯還是在外面哭得很大聲。

不過話說回來，家屬探視遺體要哭要笑不是我們可以決定的，你要在裡面手機打開放〈眉飛色舞〉，或是在遺體前面討論怎麼分財產，我們都管不著，也懶得管。

直到出殯那天還是這樣的情形，就當他們要送亡者去火葬場的時候，我藉機問旁邊學長說：「奇怪那個阿伯怎麼哭成這樣？」

學長說：

「什麼阿伯？」

「什麼阿伯？」

「什麼阿伯？」

我說就是那個每次來都穿同一件衣服一直哭的那一

個呀！學長頓了一下，說：「有些事情，如果只有你看得到，就不要講。」

我一聽心裡想：「王八蛋別怪力亂神了，監視器那麼多不要耍我，沒有人愚人節過八月的啦！」

後來我調了當天的監視器，「有些事情，如果只有你看得到，就不要講」就是我現在的心得。

再見老胡

今天某退×會進了一個大體，我剛好在上班，看那個名字很眼熟，打開屍袋，一陣惡臭，看一下他的臉跟他的左腳，不禁脫口而出：「這不是老胡嗎？」

老胡是一個單身榮民，我認識他的時候是我上一個工作，也是我當照服員的時候。沒錯，就是賴院長說的功德人，負責把屎把尿，薪水33k，一天十二小時的功德人。老胡就是我的前老闆之一，當時我那邊一個人要負責十二個老闆。

現在想想我還是滿厲害的，老胡這個人脾氣很大，他左腳受傷，不良於行，所以必須使用輪椅，照顧上還算好照顧，只要協助他上下床，洗澡就好。

但是他真的脾氣很大，只要他按了服務鈴，人沒馬上到，就是「×你媽的×，×你娘老××！」這樣罵。

洗澡也是，水溫不夠也是這樣罵，幫他穿衣服也是，罵不完的。我看他也是可憐，一把年紀沒有親人，所有錢都花在一個月三、四萬的護理之家，就不把他當一回事。

想不到當我們再見面時，他已經不坐輪椅，是躺在屍袋裡面了。

我問一下老司機：「這個怎麼是臭的？」

老司機說：「這在家不知道死多久了。」

後來我回醫院一打聽，原來是住到沒錢回家等死，合理；有錢醫院等死，沒錢在家等死，自古不變，十分合理。

老胡還算不錯，有一個靈位，還有一個之前是他的照服員現在是殯儀館人員幫他每天換臉盆水，燒一炷香。等到他要出殯要洗澡的時候，我跟他們禮儀師說：「這個給我洗，你洗不好說不定他會去你夢裡罵你×你媽××。」

洗死人跟洗活人的感覺不一樣，老胡不喜歡太冷，因為他苦過，覺得有花錢就要享受；老胡不喜歡別人洗他左腳，因為那個是被砲彈打過洗了會痛，老胡喜歡先擦頭再擦身體，老胡喜歡……

當時的我眼淚止不住，就算現在的我打到這邊真的也止不住，老胡沒有親人，在家孤單等死，來到這裡還好真的遇到我。

其實你在生的時候，也沒想到最後是我送你最後一程吧？

花錢當大爺，不花錢也當大爺。老胡，我上輩子不是讓你戴綠帽就是嫖了你不給錢，不然我怎麼欠你那麼多？

直到出殯過了很久的今天，我還會想起老胡……

骷髏伯

這天我坐在客廳看電視，我媽問我最近怎麼常常跑出去吃好料的，我緩緩地喝著我的可樂，告訴她一個故事。

話說前一陣子我們接到電話，內容是我國中母校圍牆旁邊有白骨，於是我跟一個資深的大哥去接回來。到了現場，那是一間廢棄的小屋，裡面像是垃圾場中間放了一張床，根本沒有電燈那種東西。

那天下著雨，天很黑，裡面唯一的光源是警察手上的小手電筒。帶著我的大哥十分資深，聽說他在我們單位待了超久的，遇過很多情況很會隨機應變。當他一看到現場是一張床上放著一具還沒被蟲吃光的白骨後，他眉頭一皺，馬步一蹲，屍袋一開，說了一句：「喂，你想辦法把他弄進來，我幫你開著袋子。」

真的是個資深的王八蛋！

總之，費了一番功夫後還是順利地接回去，後來找到家屬後才知道死者是久病獨居老人，在床上沒辦法活動，病死或是餓死的。

接完之後我一直在想，人終究有一死，死得好死得慘不是我們可以預料的，不如在生前，多吃點好的，多吃點不同的東西，才不會空著肚子抱著遺憾上路。

我媽聽完只說一句：「懶得減肥就說，講那些五四三的。」

不愧是我媽，真了解我。

故事說完了，其實我很希望大家說，你是唬爛的，世界上根本沒有老胡，根本沒有骷髏伯，都是你在唬爛的。

事實上，如果今天老胡是代表單身榮民的影子，骷髏伯是無名屍的影子，你知道我們一個月處理幾件嗎？

我是不想知道，也是不願意知道。我當照服員的時候有一次問了一個家屬一些很白目的問題。他們家很有錢，所以可以讓他爸爸戴著呼吸器一直活下去。我問了他：

「你覺得他快樂嗎？」

「你覺得他想活著嗎？」

「你覺得你這樣是孝順嗎？」

被問的家屬崩潰大哭。

我為什麼會問，因為我父親生病的時候，我每天都這樣問我自己：人，究竟是戴著耳機，看著電腦，吹著冷氣，燒炭自殺，這樣有尊嚴？或者是，包著尿布，掛著呼吸器，每天要人餵牛奶，一直到你被一口痰卡死，來得有尊嚴？

我很高興我能參與照服員跟現在收屍的這兩種工作，真的讓我完全變一個人，有時候真的覺得自己走了比較好。說不定下輩子，我可以有個爸爸不賭博，不打媽媽的家；說不定下輩子，我會有一個爸爸不生病，我不用照顧他那麼多年的人生；說不定下輩子，我能勇敢撿起我二十八歲那年，看到在地上的紅包，完成我人生的婚姻大事；說不定下輩子，我可以分得清楚，「在」跟「再」……

詛咒

這天我是上大夜班，一整夜除了一些零零散散的往生者進館外，可以說都是相安無事的。但是就是太閒了，所以我打了個瞌睡，慢了三十分鐘去開靈堂的門。

於是有一個龐大的身影，走進辦公室請我去開門。

龐大的身影並不是大胖，但是卻跟大胖不相上下。我看他的樣子非常面熟，手上還拿著一籃祭品，突然靈感一上來：啊！這是那種不常出現的業者！

於是我立刻跟他說了聲不好意思，飛快地幫他打開靈堂的門。但是之後他的動作，卻又讓我感到不太對勁，只見他放下手上的供品後，坐在靈堂前開始摺紙蓮花。我心想現在做葬儀的真的很不好賺，一大早六點多要幫家屬摺蓮花，真的很甘苦。

到了隔天，我還是看到那個先生在裡面摺蓮花，這就真的有點不尋常了。我心想如果明天還是這樣的話，我就直接去問一下他是來幹嘛的好了。到了第三天，我正打算去問他的時候，他直接跟我說：「請問你對我有印象

嗎？」

我說：「還真的有點欸，你是新來的業者嗎？」

那位胖子先生深呼一口氣，說道：

「今年年初的時候，我奶奶過世，是你幫我處理的，我很感謝你，因為我奶奶體重很重，我看著你很認真地幫忙。大概五月的時候，我父親往生了，那天晚上還是你。到現在，我剩下唯一的親人姐姐往生了，依然是你……」

我張大口，不知道如何安慰前面那位胖子先生。我們老闆常說，在這單位服務要好一點，畢竟別人久久才來這邊一次，如果服務不好的話，民眾都只會記得這地方很爛，所以我們態度一直都算還不錯，可是要辦喪事辦到讓我覺得面熟，這難度究竟要有多高？

於是我也起了一些興致，遞一支菸給他，他說：「我身體不好不能抽菸。」

我想想也沒關係，我們就在外面聽他說故事，原來他們家的人都很肥胖，似乎是一種病，而且先天都有心臟病。爸媽很早就離婚了，爺爺也很早往生。

起先是奶奶久病，全家人照顧奶奶很久了，熬到今年也算是解脫了。但是真的福無雙至，禍不單行，奶奶走了大概三個月，爸爸也因為心肌梗塞走了，大概再過四個月，姐姐也是因為心肌梗塞而離世。

聽到這邊我真的也不知道怎麼安慰，因為我真的很不會安慰人，只能靜靜地聽他說他的故事。他覺得這是一種詛咒，很快地就輪到他了，當時其實我的感覺很奇怪，他是害怕大於悲傷的。於是我問他介意我抽菸嗎？因為我的故事我必須抽著菸才說得出來……

我外婆家，一共有四個女兒，一個兒子。我外公在我媽出生後不久就過世了，原因是心臟病，好不容易我外婆把小孩都拉拔長大了，我舅舅在我表哥出生後就過世了，原因也是心臟病。

因此我的二阿姨跟三阿姨發願，要照顧我表哥長大，不結婚。大約在我國中的時候我二阿姨走了，是癌症。然

後我大學的時候，原本有正常工作的表哥，上班突然昏睡，這一昏睡就是三個月，後來也是心臟有問題開了刀，刀開了之後上班就是很不順。不是長期找不到工作，就是工作常常出意外。記得有一次是他早上去送牛奶，出了大車禍。我表哥很幸運的沒有什麼外傷，不過他變得不想去工作，因為他得了精神方面的疾病。有時候聽我阿姨說，他去商店買東西不付錢，拿著棍子去商店鬧；有時候聽我阿姨說，他喜歡一個檳榔攤妹妹，去檳榔攤吵著要跟人結婚；有時候聽我阿姨說，他吵著要讀書，讀完書才能賺大錢。每次都是我三阿姨出來道歉，出來賠錢。

我有時候真的很佩服我的三阿姨，當年我照顧我父親的時候，常常覺得我跟我母親都很累。長照真的是悲歌，不能期待病人會越來越好，只能努力維持，直到他死去。

而我三阿姨，在我二阿姨生病的時候，照顧她好幾年，記得當年我二阿姨患上癌症後，她的精神狀態也出現問題了。她無法接受一輩子都在為家裡付出，為什麼到最後是她生病？為什麼她那麼努力，而家人沒辦法過得更好？

當時我還在念國中，有一次回去外婆家看望她，她摸摸我的頭，問我學校好不好？是不是要買一台電腦？

我聽了很開心，因為她要幫我買新的電腦。然後她回頭問問我妹，是不是也要一台電腦……

這時候我三阿姨跑到我旁邊，跟我說：「自從她生病後就變成這樣子，到處問別人是不是要買新的東西，昨天還跑去跟表舅說要買新的冰箱給他們。但是哪來的錢？你們聽聽就好。你們的二姨病了。」

我聽了以後沒有因為得不到新電腦而難過，我難過的是我二姨變成這個樣子。小時候我父母親把我給外婆帶，都是我二姨照顧我，而曾經那麼好的一個人，卻被病痛折磨到精神也出問題了，而且出問題之後還是依然要對所有人好，這到底是一個多麼善良的人啊?!為什麼老天要這樣對待這樣一個家庭？

後來我二姨往生了，我表哥倒了，我三姨繼續照顧我表哥。她不只一次告訴我她很累了，她真的很想拋下我外婆跟表哥一走了之，但是她沒辦法，也沒有勇氣做出這種事情。

有一次，我回外婆家的時候。三姨很認真地跟我說：「以後外婆家的財產會分給你，記得要幫我照顧表哥。」

你說我答應嗎？之前我才脫離照顧我父親的日子，莫非之後又是一連串照護的開始？你說我不答應嗎？我怎麼對得起從小照顧我的阿姨？

我笑著不說話，因為我不知道我該不該回答。阿姨眼神一黯，似乎是明白了我的掙扎，於是我們轉移話題。但是我心裡很清楚，如果這一天真的到了，我一定會照顧我表哥的！

人生有很多的問題，看似選擇題，其實答案只有一個。我在醫院的時候，護理長有問過我一個問題：「如果當初你知道你父親救起來最好的狀況是植物人，如果你知道照顧一個植物人是這樣，你當初還會堅持救嗎？」

當然救！因為當我看著我媽那個著急的眼神，還有醫生說的或許有一點點希望，我哪有理由不救？我的良心如何可以容許我不救？就算重來一百次，我還是只能選擇救！

我轉過頭對胖子先生說：「反觀你，至少家人都走了，你在擔心什麼？你在害怕什麼？就算詛咒到你，也是沒有牽掛的，真的沒必要害怕。」

殯儀館裡面的故事，沒有最慘，只有更慘！沒人可以說出誰能比我慘這種話。

地上的菸蒂不知道丟了幾根，胖子先生不知道該跟我說什麼，只是拿著衛生紙，給淚流滿面的我後，默默回去摺他的蓮花。我擦擦淚，還是要回去繼續工作。

彷彿能想像退休後的我，還繼續在照顧著家人，看著禮廳裡的棺木，我很想現在在裡面閉上眼睛的人，是我。

緊抱孩子的母親

今晚很匆忙，因為我答應要幫不會騎車的大胖去洗他的證件照。大胖是家裡的獨子，家裡希望他傳宗接代，於是有計畫讓他去越南一趟，我想說反正我是騎車上班就順便幫他洗個照片好了。

但是今天我快遲到了，所以我直接把大胖的相片檔拿給我們公司旁邊的照相館，告訴老闆我買完便當就來拿，等到我買完便當回來的時候，老闆拿著一個很大的相框，問我說剛剛那位的背景是要藍天白雲，還是佛祖觀音的……

呃……我是要幫朋友洗證件照的啦！

老闆尷尬一笑，本來還想問我說訃聞要不要之後也來這邊印一下，現在只好立馬趕工給我一份很正常的相片。

到了公司後，看看大胖那張憨厚的臉，迫不及待地拿出我幫他洗的相片，露出「已經娶了老婆然後家庭和樂」的那種笑臉，其實很想告訴他說生小孩只是增加負擔罷了，像我過這種一個人的精彩的生活，也是很愉快的。

但，每個人都有每個人的夢想，不應該隨意地去導正，去批評，畢竟子非魚焉知魚之樂，珍惜眼前，別等到不能作夢的時候再來惋惜，這可能是每個在這邊工作的人都會有的體悟。

可惜這種短暫的休息並沒有停留太久，過了不久，兩輛接體車一同開了進來，後面跟著幾輛載著家屬的車子。接體車這東西其實一次來一輛就不得了了，何況一次來兩輛呢?!

一群哀傷的家屬隨著禮儀師的引導，來到了櫃檯：

「進館，三位。」

有時候在櫃檯辦理這種業務的時候，都覺得很感慨。短短四個字，代表的是三個生命的消逝、代表的是一個家庭的消失、代表的是一段緣分的結束、然後只剩三具冰冷的遺體。等待著出殯的那天化為骨灰，放置在塔位深處，供人追思，進而被世間遺忘。

也許人生最後一哩路就是這麼一回事吧。

思緒整理一下，才想到一個問題：外面兩輛車怎麼會有三位進館呢？

於是我偷偷拉著禮儀師，避開悲傷的家屬，問一下這件怎麼回事。禮儀師跟我說一件最近的意外，我才明白這件事情是怎麼回事了。

手續辦完後，我就和禮儀師帶著家屬，準備去冰庫，給往生者好好地做最後的休息。但是兩輛車推下來之後，我就知道等等應該又有變數了。

當我們到達冰庫裡面，準備要拉開屍袋給家屬做最後的確認以及幫往生者戴上手環時，看到的是一個二十多歲的男子，多處有挫傷；另外一個屍袋裡面，是一個二十多歲的女子，一樣是挫傷，不一樣的是，女子懷中緊摟著一個大概三歲的小朋友。

懷中的孩子很安詳，好像只是睡著一般，若非我碰觸到他的手，知道沒有溫度的話，他給我的感覺就好像下一刻就會醒來。

我面有難色地看著禮儀師，禮儀師馬上知道我為什麼苦笑，回頭跟家屬說：「不好意思，由於殯儀館的規定，有三位往生者，就必須使用三個屍袋，才能進館。」

家屬中有一位站出來說話了。那是一個男性，似乎是男性往生者的兄弟，他說：「當初意外發生的時候，現場就是我弟媳抱著小朋友，而驗完屍，我們把她回復原狀，可以請你們幫幫忙，讓他們就這樣冰一起嗎？錢不是問題我們願意付三個冰櫃的錢，只希望能讓他們可以一起冰存，我們不希望讓他們分開。」

這次，換成禮儀師回頭向我苦笑了。我也知道他已經盡力幫我了，但是，規定就是規定，假若今天讓他們這樣冰存，到時候退冰兩具遺體黏在一起，或是各有損傷，我們真的是擔不起這個責任。之前也沒有兩具一起冰的先例，雖然不捨，但是我依然搖頭表示我幫不上忙。

家屬也是很冷靜，並沒有因為這件事情為難我們，只是當禮儀師拿出屍袋，將小朋友移過去的時候，後面的家

屬好像被傳染了一般，一個接著一個哭了。而我也是盡力扮著黑臉的角色，畢竟規定是不容讓步的，只是黑臉上為什麼會有淚滴，其實我也不知道。

當一切手續結束，家屬隨著師父進行立牌位的儀式。我走進辦公室，看著旁邊警衛室的大胖，還在看著他的證件照，還在幻想著他要去越南的行程。

緣分未到的人，依然在塵世中，編織著美夢，尋找著那個緣分；而緣分已盡的人，也必須放下一切，無病無痛地往下一世邁進，期待能再續前緣。

義哥

其實我會上PTT的原因，主要是因為我學長推薦我上來找人打麻將。還記得當年的麻將版打的金額很小，又還可以揪一些不認識的人打牌，認識一些新朋友，可惜麻將版後來不能徵人了。

我大學讀桃園銘傳，所以我守備範圍是北到新莊南到楊梅，沿著省道打，以當年算是滿狂的。但不打超過50/20，只是想交朋友消磨時間。

可是我後來幾乎都不愛跑外面了，因為我記得有一次颱風來，我跑去輔大旁邊打牌，打到凌晨三點多，回家的時候外面的雨還是很大，就在我經過萬壽路的時候，突然看見兩個黑影站在路中間，我一個急煞差點摔死。當我回過頭來，路上什麼都沒有，還好沒受傷，也許是打牌太累了，所以也沒特別覺得那條路邪門。

第二次我在萬壽路遇到怪事的時候，一樣是去打牌，我記得那時候去龍華，我載著我朋友兩人一起去，打到晚上十二點多。回程經過萬壽路的時候，我都習慣慢慢騎，

突然間有一隻手伸了過來，催我的油門，我透過後照鏡看著我朋友，他臉上有一種很詭異陰森的笑容。他很高，手也很長，我就看著他抓著我的手，催我油門直到龜山，他才驚醒，把手收了回去。

過程中其實我一動也不敢動，怕一動就會摔車。我問他剛剛到底在想什麼，他說他不知道，只是突然有一個念頭就是很想催我油門。這件事情其實還沒結束，過了幾個禮拜後，又發生一件更可怕的事情，我拿著當時超速的罰單跟他說我們對半分好嗎？

結果，他已經完全忘記這回事了……

後來我就很少打牌了，而義哥就是因為我打牌認識的。

當年我在夜市頂了一個攤位，跟我小妹一起賣雞排，而我大妹在附近開一家美甲店。我大妹的店面很大，所以後面有一個空間可以放張麻將桌，每當空閒的時候，我都會上網揪一些網友來打牌。就在那時候我認識了不少朋友，這些朋友當中，很多人根本是人生勝利組，義哥就是其中之一。

義哥家裡是開工廠的，根本不愁吃穿，每天都很空閒所以來這邊打打小牌。他有一個很美滿的家庭，一個年輕他八歲的老婆，跟一個四歲的孩子。

我跟他比較熟的時候是我當年為了感情瘦了五十公斤的時候，當時其實大家都覺得我不可能瘦下來，只有他給我鼓勵。他給我看當年他追嫂子的照片，真的是很胖，他也是努力瘦下來，天天開車到嫂子當時在讀的高中等她下課。終於皇天不負苦心人，嫂子高中畢業後就嫁給他了。

這故事一直是我減肥的動力，但是後來的我發現，其實我一百二十五公斤的時候跟七十五公斤的時候，在交友上沒有太大的差別。吳建豪減完肥後是《流星花園》劇裡帥氣的美作，但是菜頭減完肥後還是菜頭，與體重無關，跟長相比較有關係……

所以我撐不了一年又復胖了。

我覺得義哥的成功其實跟顏值也沒太大的關係，可能是他的痴情和努力成功地擄獲嫂子的心，而不太可能是和當時身為大學生的他就開名車有關吧……

總之，義哥一直是我羨慕的對象。一開始那個地方只是讓我們打打小牌的空間，但是我必須工作所以不太常找人打牌，而他們那群富貴閒人懶得找地方打牌，反倒是問我說可否租借那個場地當作他們消遣的地方。當時我也沒想太多，反正就是一塊沒人用的場地，借給他們消遣一下也還好。

可是過了不久，那些平常打打小牌的朋友，越打越大，玩的東西也越來越多。平常打打牌，等咖的時候三人玩十三張大老二，連兩個人都可以玩妞妞、推筒子。有時候人多，也開始玩德州撲克跟二十一點。出入的人都沒有太複雜，一般是附近學生比較多。像是義哥這種的也有一些，不過他們都是本很厚，輸贏沒差那種。

老實說我也不常去那裡，因為我擺完攤後很晚了，但是租借場地給人就可以賺錢，不用工作就有收入，那種感覺真的很奇怪，覺得錢來得有點太容易。

別人開賭場其實找咖很麻煩，反而我是只給人空間，結果一堆人來幫我經營找咖，那時候有一種錯覺，想著是不是自己願意專心經營賭攤就可以不愁吃穿。

後來發生了一件事情，讓我毅然決定不再繼續下去了。

有一天我過去的時候，發現一個很少見的弟弟在那邊一直講電話，似乎在跟別人說些什麼重要的事情。其實我覺得滿奇怪的，後來一進去問義哥他們，原來是他跟裡面我一個學弟簽賭，欠了八萬，我覺得不大對勁，一查才發現裡面有人打牌打了一個月沒回家。

我對天發誓不誇張，那個人整整一個月沒出門，連洗澡都是其他人拜託才去洗的，跟流浪漢一樣。但是他不窮，一個月不用工作收租至少十萬以上，還有人連續兩天贏了幾萬塊，就索性不去上班，一直待在那邊，還有人連

課都不去上了……

漸漸地，我發現那群人已經不是我當初認識的那群單純想娛樂的人了。

他們很多都走火入魔了，沉浸在賭博裡面的世界真的很可怕，那是一種不可形容的快感，似乎只要透過一些運氣就可以贏得別人全部的東西。而賭癮賭金對那些不太缺錢的人只會越玩越凶，越玩越大，越玩越不知道回頭。等到真的發現自己兩手空空後，已經是什麼都沒有的時候了。

這點我有很深刻的體會，因為我家也是被賭掉的。我父親以前有不錯的收入，就是因為愛賭，導致他往生後，只有剩下債務而已。

後來，我跟義哥他們說很抱歉，我沒有辦法再提供地方給他們了，希望他們可以移去別的地方玩。義哥他們也不為難我，他們在外面隨便租一間房子，繼續他們糜爛瘋狂的生活，而我還是繼續做我的工作。

他們有時還是會找我過去玩一下，但我知道，自己沒有那個屁股，吃不起那種瀉藥。

嫂子是我妹美甲的客戶，跟義哥他們分開後，嫂子有時候還會來光顧，但是來的次數越來越少。而我跟義哥在那之後也像是兩個世界的人了，只有一次在吃飯的時候看到他，他跑來跟我打招呼，順便把我的單買了。

倒是我小妹常常在夜店看到他，她每次都很開心跟我說，只要在夜店看到他，酒錢就都是他結的。

之後的日子，我過我的他過他的，我也很少打牌了。當我再次看到他的時候，大概是四年後的事情，那是在手機的一張照片裡面：一間單人出租套房，警察通報的無名屍，身上只有證件。

一間簡單的房間，地上都是酒罐，啤酒、洋酒。一具臃腫的屍體，觀其形聞其味，大概一週了，是附近的鄰居聞到味道才報警的。

義哥就這樣倒下去了，外面賭債一堆，因為常跑夜

店，也有了小三。家境優渥的他，根本就不怕揮霍。漸漸地，現金沒了；漸漸地，房子沒了；漸漸地，老婆孩子沒了；漸漸地，什麼都沒了，剩下酒，剩下債，剩下孤獨的屍體倒臥在沒有親人的房間。

很可惜的是當時不是我去收他回來，他的屍體運送到殯儀館後，我才認出他來的。那雙曾經拍著我肩膀安慰我，布滿刺青的雙手，在幫他別手環的時候，我就認出了。

之後通知家屬驗屍，才發現當時老婆名義上其實沒有跟他離婚，但是已經貌合神離了。我看著嫂子，跟義哥那已經上小學的小孩，心裡很想安慰他們，但是又不知道說什麼。

沒有想過有一天，會這樣跟他們夫妻倆重逢。

治喪期間一切都有葬儀社安排，所以也不需要什麼幫忙。倒是我聯絡當初那些牌咖的時候，我還沒說義哥走了，他們就問我最近是否有看到義哥，還有錢沒跟他清完。我都說有，你來我公司就看到他了。他們都先驚訝再沉默，也沒多說什麼就掛電話。究竟誰有來，我不想知道，也沒有必要知道，我只想知道的是，這樣的朋友，到底可以維持多久？

出殯那天，我沒有去觀禮，反而偷懶躲在辦公室。我滑著手機，看著臉書上當年我們一起瘋狂的那段日子，單單純純地打打小牌，聊聊心事，那時候的我們不是很開心嗎？

我不會自咎到認定他今天會變成這樣是我害的，但是在此時，我會想起當初若我沒有讓他們在那地方打牌，沒有讓他們那群人混在一起，一切的一切會不會有些許不同。

我從來不去想像天堂是什麼樣子，因為我知道地獄裡有我的一個位子。

都市傳說

說起來，世界各地似乎都會流傳著一些都市傳說，而我們堂堂的殯儀館，豈能沒有呢？

根據老大所說的，如果要湊出殯儀館三大都市傳說的話，應該是：「夜總會的燈光」、「鈴鐺伯」，以及「舊禮廳」這三個吧！

怪談一：夜總會的燈光

說起夜總會的燈光，其實我覺得這一點都不恐怖，但是老司機們說起這件事情總是津津樂道、口沫橫飛。

我們的園區後面停車場之前是亂葬崗，再後面點則是公墓，所以常常有些聽起來合情合理的傳說，譬如說大胖有時候會看到半夜有人在亂葬崗那邊跑步，我都會請他注意一下那個人是用跑的還是用飄的，再跟我回報。

或是看到有人半夜對著亂葬崗拿著手機咆哮，甚至大哭或手舞足蹈的，這時候有兩種可能：一是醉漢，二是他在玩抖音。醉漢的話不要理他，發完酒瘋後就走了，如果他在玩抖音的話一定要報警。

總之各種傳說都有，抱著孩子的女人呀，有人頭在飄呀，狗集體在同一個地方吹狗螺呀，什麼傳聞都不奇怪。而亂葬崗出現的光線倒是滿常有人見到的，那種感覺就像是有卡車在那邊，突然開著大燈甩尾一樣，就是一道強烈的燈光，閃遍公墓又突然地消失。而在閃遍公墓的一瞬間，老司機們都信誓旦旦地說他們看到了人影。

為什麼他們會常常待在那邊呢？

因為我們路線是單一通道，只要是進完館後，我們都會請他們把車開到上面停車場，不然下一個進館的不好進。因此，他們常常在上面等待著家屬跟葬儀社的人討論一下之後可能會進行的儀式或是商討報價。

而大家可能會問，會不會是有車經過或是那裡有住戶？基本上那條路是死路，不可能有車開上那裡。而住戶的話，是住在很遠很遠的山的另外一頭，如果他們願意有

時候半夜用超級大手電筒來閃我們公墓一下的話，那這些年來就算被騙，我們也認了。旁邊的山路更是沒人走。

我剛來的時候，有看過一個法師，帶著一群人拿著幾個袋子往後面山上走，回來的時候袋子都空了。資深的看到都會說要小心最近可能有蛇，一開始我覺得倒是沒什麼好怕的，畢竟我常看新聞，被唸過經的蛇不但不會有毒性，說不定還會咬錢回來或是扶老太太過馬路之類的，直到晚上有時候會看到眼鏡蛇，我才變得不這麼樂觀。至於那些法師是什麼來路的呢？我上次不小心看了一眼，發現我的眼睛業障很重，就沒繼續看下去了。

有一次我晚上跟大胖去巡邏的時候，就看到了那個燈光一閃的景象。我倒是沒看到人影，只是覺得那個燈光來得詭異，大胖倒是虎軀一震，看著亂葬崗說不出話來。這應該是跟體質有些許關係吧！其實我第一次看到的反應是想開視訊給朋友看，我第一個是想到我大妹，因為她超級愛看鬼片，於是有天我半夜開了視訊給她，之後我就知道我大妹罵人的詞彙大概有多少了。而有一次我還在當火山孝子的時候，有一個很可憐的越南妹跟我說沒錢吃飯，要我去京城銀行用西聯匯款匯錢給她的時候，那個正妹行員有問我是什麼行業，我告訴她之後我們就開始聊天了，聊到隔壁櫃的行員跟辦理業務的老奶奶都很有興致的在偷聽，後來正妹行員問我做這行有沒有遇到鬼故事的時候，我心想，機會來了，就說：「沒耶，不然你加我賴好了，下次有遇到開視訊給你。」

正妹行員雖然沒有我的賴，但是我彷彿在她的臉上看到了已讀兩個字，這或許也是種靈異現象吧！反倒是旁邊的奶奶蠢蠢欲動，似乎要拿出手機的樣子，我於是盡快辦完之後立刻走人。

總之，夜總會的燈光大概就是這個樣子，至於視訊部分，沒朋友的我只希望有朝一日可以存到錢，我用付費的方式跟直播主以這個當背景聊聊好了。

怪談二：鈴鐺伯

至於鈴鐺伯的部分呢？

其實鈴鐺伯真有其人，也真有其事。還記得那天我跟大胖他爸爸值班，話說大胖他爸中風以後休養一段時間就回來上班了，看著他原本是啃老族的兒子，現在開始正常上班，而且好像有了朋友，好像心中放下一塊大石了。

大胖的爸爸是上機動班的，是誰休假他就去接誰上班那種，所以遇到他的機會不多，但他對我印象很深，總是謝謝我在他休養期間照顧他兒子。只是他應該不知道我到底是如何「照顧」他兒子，又是如何讓他兒子有朋友的，如果知道的話，這個謝謝可能就很有深意了。

那天晚上，又傳來若有似無的鈴鐺聲，其實有時候我不太懂，為什麼我上大夜這個時段，常常有輕輕的鈴鐺聲傳來。但是上夜班只有一個人，問大胖跟另外一個警衛大家都一樣菜逼八，所以久了後大家也就習慣了。今天剛好有這個機緣遇到大胖的爸爸，想說問一下看看，誰知道他還真的有答案。

在我來的大概五年前，這個鈴鐺伯才剛走。鈴鐺伯又聾又啞，眼睛也只剩一隻看得見。所以他身上掛著鈴鐺，是要提醒人不要騎車撞到他了。鈴鐺伯有個智能障礙的女兒，而他們家全部只有那兩口子，所以鈴鐺伯出門工作的時候，不是把那個愛亂跑的女兒關在家裡，就是把她鎖在他的回收車上。

他的工作就是每天來撿回收，偶爾去人家告別式那邊上上香，拿個小紅包或是餐盒之類的，不然就是看到人家不要的罐頭塔，把飲料拆掉，再便宜賣給柑仔店。常常一些家屬祭拜完不拿走的三牲水果，就是他的晚餐。偶爾大日的時候還會去指揮交通，但由於他說話只會「阿吧阿吧」叫，跟他講話又聽不懂，所以經常被附近那些白痴年輕人欺負，比如說，他用一整天把一堆罐頭塔的飲料整理成一大袋，結果整袋被那群年輕人幹走，或者家屬不要的三牲水果，他們都比鈴鐺伯早一步拿走，寧願餵狗餵貓甚

至丟地上也不給鈴鐺伯吃。

其實鈴鐺伯都不會生氣，只是有一天他們試圖要脫鈴鐺伯女兒的褲子，鈴鐺伯拿起鐮刀來就往那幾個龜兒子身上砍，他們才知道鈴鐺伯的底線在哪裡。

鈴鐺伯似乎無牽無掛的，有自己的房子，說實話，在我們這邊打滾的其實要餓死也很難，多少都會有點賺頭。鈴鐺伯唯一牽掛的大概是他的女兒了吧！畢竟他死後，能照顧他女兒的不多，就算他女兒跟著人走了，他也知道那應該也不是什麼可以託付終身的對象。俗話說家家有本難唸的經，這本經在鈴鐺伯人生中，似乎是更難唸，也唸不完吧！

這樣的日子一直到五年前的某天，大家發現鈴鐺伯的女兒最近常常出門，反而不見鈴鐺伯的人影。想當然，大家都覺得很奇怪，於是就有人問他女兒說：「你爸還好嗎？」

「很好很好。」她總是笑著回答。

這樣的狀況過兩天就沒人在意了，畢竟大家都有各自的事情要忙，又非親非故的，也沒有因為他不來就沒人收回收，飲料三牲水果還是有人搶著要，只是換個面孔的人去拿而已。直到有一天，鈴鐺伯鄰居經過他家聞到惡臭，才知道他已經陳屍在浴室三週了。

故事到這邊，我突然插嘴一下：「那他女兒那三週吃什麼呢？」

大胖他爸沉默一下，搖搖頭：「沒有人知道……」

我也沉默了一下，腦中突然跑出無限的想像。

而後續的問題，就是這行專業的地方，但說他是無名屍，也不名副其實；但說他有家屬，他女兒來了也是一堆儀式沒辦法進行。幸好那時候，有一家當月賺不少的業者，自掏腰包幫他辦了後事。

事情其實到這邊還沒結束，鈴鐺伯的女兒在驗屍完後就消失了，從此再也沒人看過她。也因此，當初那家願意無償幫鈴鐺伯辦喪事的業者獲准去清理遺屋，才發現其實

鈴鐺伯的現金超多的。

想想也對，那麼節儉的人，也沒什麼在花錢，應該可以剩不少，只不過沒命花。現在後繼無人，錢再多又有什麼用呢？

至於現金那時候怎麼處理呢？好像也是沒人知道。

從此之後，這一帶便常常有人會聽到輕輕的鈴鐺聲，因為鈴鐺伯是清晨四點就起來工作的人，所以鈴鐺聲也總是在清晨的時間出現。

而鈴鐺聲，究竟是因為鈴鐺伯還停留在這裡工作，還是因為他在找那個亂跑的女兒呢？沒有人知道，或許某天我們在某地找到一具無名女屍後，答案才會揭曉吧！

也不知道是什麼原因，我們這區超多都是白髮送黑髮，而且幾乎都是生病跟意外。我所謂的黑髮幾乎都是二十歲內的。每每看到這種的告別式，心裡總是有無限感慨。覺得其實人生既無常又渺小，反而沒有寫故事的靈感。總是覺得心情好，才能快樂地分享一些經驗。

我記得有一位父親生病過世了，留下年紀尚幼的兒子。某天這一大家族來探視遺體的時候，兒子不敢進去看父親的遺容，他的親戚十分生氣，幾乎是用抬的把那個小朋友抬進去說：「連自己爸爸都不敢看，說出去笑死人！有什麼好怕的？不要那麼不孝順，以後你會後悔沒看這一面的。」

我看著那孩子邊發抖邊看著他死狀悽慘的爸爸，心中真的五味雜陳，而那個小朋友的媽媽則是站在旁邊不敢說話。等他們要出去的時候，那個小朋友依然發著抖，必須媽媽扶著才走得出去。

我跟那個小朋友說：「去拜拜地藏王吧，說不定會好一點。」

那張驚恐的臉，我現在還是會想起。

有時候想想，孝不孝順用死後的表現去衡量是最可笑的，也是用來騙自己最好的一種方式。或者其他親人的壓力下，在家關起門來那種別人看不到的照顧不是孝順，

而是死後頭七要到，靈位每天要燒香，或是要選擇高級塔位，這樣才是孝順。

到底「孝順」是什麼樣子的東西，有時候我回頭想想，這東西我在長照的時候看到的很真，在這裡看到的，真的有點假。

怪談三：舊禮廳

說起這個舊禮廳三樓，其實也是滿玄的，白天是可以當正常的禮廳使用，可是有時候大概是半夜三點的時候，舊禮廳三樓的燈就會自動打開。

其實我在那邊上班大概一個月內就發現怪怪的，那時候跟上頭反映他們都說是電路問題，加上那禮廳的鑰匙只有一副，在辦公室裡面，所以不太可能有什麼人會去偷開。

一開始我算是滿有心的，反正有亮我就上去關一下，而且也不一定每天都會亮。後來發現就算我不關，大概過個半小時燈也會自動熄滅，而且也有前輩告訴我裡面的一些故事，所以我後來就沒有特別去關那個燈了。

不過，自從我們大胖哥來了之後，他老大真的很不喜歡浪費電，一看到電燈一亮就去辦公室拿鑰匙關。有時候跟他說：「其實不要那麼認真沒關係，說不定好兄弟在開趴。」

大胖說：「好兄弟就不用繳錢？現在我們很缺電呀！」

其實遇到這種二愣子有時候真的也有點麻煩，也不能說他不對！但是有些事情可以睜一隻眼閉一隻眼的，他卻不想做！

直到有一天，那天剛好是祭祀活動的前一天，我們每年都會舉辦祭祀活動，那時候都會請一些大廟裡的師父來主持，而我們員工的福利就是主持之前可以讓我們問點事情。那個師父來過幾次，聽說滿和藹，回答事情也滿準的。

火葬場有一個大哥是單身漢，曾經問過師父姻緣的

事情，師父叫他不要太專注工作，有機會的話去外面多走走，自然就會遇到姻緣了。於是他常常下了班大概六點多就去殯儀館旁邊的公園走走，那一年他一共在那邊撿了三個紅包，可惜八字不合，對方父母看他也不是很喜歡，應該是緣分還沒到。

旁邊有個葬儀社的老闆也去問事，他希望他兒子可以早點回來繼承家業，讓他可以不用再為工作忙得沒日沒夜的。師父跟他說：「你要多做善事，多積點陰德，有一天你就會不用做事，整天躺在床上有人會服侍你的。」

於是他沒日沒夜的工作，除了自己的案子以外，還去幫助一些窮困的人，協助他們申請資料或是免費資訊，結果不到三年就累到中風了。中風後他的兒子就回來接手他的公司，順便請個外勞整天服侍著躺在床上的他。

而這天晚上我跟大胖一起上班，我們就在想，早上要不要跟那個師父問事，其實我一直都沒什麼事情想問的，每天過一天是一天，沒想過發財，沒想過長命百歲，沒想過討老婆，唯一想過的只有哪天我可以舒舒服服地走掉，那是我唯一的希望。

但是大胖卻很想叫我問事，因為他是外包保全，沒有免費問事時間，所以只能拜託我一下。我心想這傢伙被賣了那麼久，終於發現不對勁了，希望這個師父不要把我賣掉，不然以後夜班很難抓交替。

於是我就和藹的問他：「大胖，其實師父說的不一定是對的啦，你有什麼事情可以跟我說呀！我不能幫你解答，你再去問師父嘛！」

大胖想了想：「我在這邊夜班那麼久，最近有件事情我一直搞不清楚，困擾我一段時間了。」

我想了想，不對呀，這幾天沒遇到死狀很慘的，也沒有什麼奇怪的呀？

究竟是什麼事情可以困擾一個專業殯儀館夜班警衛？

大胖緩緩地說：「小玉跟放火到底在紅三……」

「可惡！你上班沒事的時候不要每天看電腦啦，你叫

我去問師父這個如果他答得出來不管他拜什麼神我都跟他拜。」

大胖想想：「還以為那師父多厲害。」

這時候，禮廳的燈又亮了。

大胖一樣上去關，但是這次不一樣的是，大胖在上面關了很久，始終關不掉。搞了大概快半小時，他才放棄，下來的時候，燈就自動關了。

「可能是電路真的壞掉吧！」我這樣安慰有點受到驚嚇的大胖。

等到大胖走後，我對著禮廳拜一拜，說：

「我這同事真的講不聽，希望各位不要跟他計較，他只是不懂這些事情而已。」

殯儀館的舊禮廳有個地下室，那地方放置一些骨灰罐，那是當年遷葬的時候，找不到家屬，或是當年那附近有亂葬崗，幫他們遷移的時候，公家塔位不夠，或是急著要發展配套措施還沒設定好，而臨時暫放在地下室。

裡面都是一些沒後代或是無名屍，在死後很倒楣的再被挖出來，挖出來後又不知道放哪裡，然後就放在那裡。所以不管是電路問題還是他們晚上要開趴，我們都不想管。

早上師父來之後，老闆問他說：「師父，這次這邊有什麼比較需要唸經的地方嗎？」

師父看著舊禮廳，說道：「這邊老樣子我等一下會去唸經一下。」

然後看著冰庫，再看著解剖驗屍的地方，最後再看看後山的亂葬崗。一切似乎很合邏輯，這些地方冤魂也應該是最多的。

而沒有問事的我，想說沒我的事情，而且又下班了，所以就先開溜了。當我快快樂樂離開辦公室要牽車的時候，突然看見師父「咦」的一聲，看著警衛室，轉頭跟老闆竊竊私語。

我這時候才知道，原來這個師父是有料的……

亂葬崗

若說殯儀館的都市傳說只有三個，我覺得真的太少，像是我們的納骨塔很玄，常常三更半夜有一些像是邪教的人，騎著摩托車在那裡滑手機。裡面除了一些外面的住戶，還有一些是葬儀社的人員，彷彿是中了邪一般，一直拿著手機對著納骨塔滑。

直到有一天我克制不住好奇心，跑到那邊一看，原來我們納骨塔不僅僅是納骨塔，還是寶可夢的道館，那群人是對著別人的祖先丟寶貝球的。

我一直覺得這件事情很猛，原來當年去殯儀館抓鬼斯通是真的，直到有一天我們去參訪別家殯儀館，他們說他們的火葬場是道館，我才發現原來這是常態，是我太沒知識了！

而還有一個地方，是連外面葬儀社老闆都覺得不要常去的地方，就是我們後門旁邊，有條道路，上去是專門埋葬無名屍的亂葬崗。

其實有些無名屍是不能火化，只能土葬的，這是考量到N年之後如果有家屬跑出來要相認，還可以開棺拿出來做鑑定。所以在殯儀館這裡，還真的不一定每個無名屍都是燒一燒就搞定了。

某天我跟一個葬儀社老闆閒聊的時候，他就告訴我，那個地方很陰，不要常去。而我腦袋中也常常想起這句話，所以能盡量少去時，我就少去。直到有一天我們殯儀館遭小偷，老闆要求我們加強巡邏，於是我就稍微去那邊看了一下。

記得那天大概是晚上十點多，剛好工作有空檔，所以我就上去巡邏。我拿著手電筒慢慢地往那個地方走，一轉個彎，我看到有輛車停在亂葬崗的旁邊。我覺得奇怪，這時間怎麼會有車？

於是我走過去一看，是那個葬儀社老闆的車！我一打開手電筒照過去，不得了了！這個老闆坐在車上，好像卡到一樣，兩隻眼睛往上吊，嘴巴一開一合好像在呻吟！

老闆開的是休旅車，有比較高一點。但我依稀看到方

向盤那個位置好像有顆人頭，差點沒把我嚇死了！正要趕過去救他的時候，這老闆突然驚醒過來，做一個手勢要我快點走，而另外一手把方向盤那顆頭往下壓。

他應該怕我有危險，叫我趕快走，我心想這葬儀社老闆常常跟師父打交道，多少有點道行，不至於栽在這裡吧……於是就很感激地先離開。

我就這樣快走回辦公室，也很怕老闆頂不頂得住。誰知道就在我回辦公室後，那個老闆來辦公室了。

「不是告訴你那地方不要常去嗎？」

我回答說：「我們老闆說要加強巡邏，對了剛剛你一個人在那裡抓鬼喔？」

這老闆愣了一下：「對呀，我在抓鬼，你不要跟別人說唷。」

我心想，這地方人人都不簡單，為善不欲人知，於是急忙地點點頭，說道：「那處理完了嗎？」

葬儀社老闆說：「都處理好了。你會口渴嗎？我買飲料給你喝。」

於是老闆塞了一千給我買飲料，但是我堅決不收。開玩笑！我又沒幫上忙，而且一千買飲料是要喝到掛是嗎？老闆好像是中了邪還沒好，我連一千都不收了他還再掏出一千來，真的傻得可以！

後來他只好去小七買杯咖啡給我喝，從此之後，只要我上班看到他，就有咖啡可以喝。有時候會問他為什麼不讓他老婆跟小孩知道他會半夜出來抓鬼這件事情，他都會很緊張地說，能不能就當我那時候沒看到。

有時候覺得這些老闆人不錯，既謙虛又大方，好險當時老闆有處理掉這個女鬼，不然看著那個年輕的時候就跟他一起打拚的老婆，還有可愛的小朋友，如果那時候沒處理好，肯定又是一個家庭的破碎。

而且不只是他，聽說滿多老闆也曾在那個亂葬崗旁邊遇到靈異事件。也對，那地方離他們那麼近又那麼隱祕，難怪常常聽說那邊的一些靈異事件，至於是不是同一個

鬼，卻又不得而知了。

「那個地方很陰，沒事不要常去。」

這句話到現在還在我心中久久揮之不去，有時候想起，還是會心有餘悸。

這時候，又有接體車開了進來，我的工作又要開始了，一個常常來化妝的妹妹這時候經過，我回頭看著她的背影：「啊，這個後腦勺似曾相識呢！」

我卻又想不起來究竟在哪裡看過……

無意義的遺書

今天是個沒事的一天，我跟老大一邊擦拭冰櫃的門，一邊聽他聊八卦。老大在這條街二十年了，哪個誦經師姐跟哪個業者在一起？哪個正妹禮儀師的男友、前男友、前前男友是誰？他說起來都如數家珍。

畢竟這圈子很小，幹這行的幾乎把所有時間都放在這裡，所以這裡的八卦傳得很快。

老大常說：「這條街沒有祕密。」

來這邊一段時間的我，也慢慢可以體會了。

突然間，我們的電話響起來了。電話那頭的主管還是很酷：「接體、墜樓、急件。」

其實我們很不喜歡聽到急件，一方面那邊一定很多圍觀的群眾，另一方面那一定是那種會上新聞的事件，才會跟我們說急件。

到了現場，果不其然。一下車就看到警察圍起的封鎖線，裡面有一片白布蓋著往生者，旁邊都是圍觀的群眾，還有兩個驚魂未定的警衛。

那是一棟學區附近的大樓，當時正是學生們下課的時候，因此墜樓的一瞬間，有不少學生經過，也目擊到了。所幸沒人被壓到，這也算是不幸中的大幸吧？

鑑識小組看到我們來了，彷彿是看到救星一樣，連忙催促我們先送到殯儀館他們再去拍照。像是有些死因很明確的意外，有些時候鑑識小組會選擇不在現場拍照，而是先到殯儀館再說。

打開白布後，我看到的是：一個滿身是血，腦漿四溢，胸前的骨頭幾乎都外插，勉強看出來是一個女性的屍體。我們立刻把屍體放在屍袋，再將地上腦漿努力地集中在一個塑膠袋內，火速地處理完送往殯儀館，讓鑑識小組可以在館內拍照。

協助翻身拍照的過程，真的滿令人難忘的，那雙手已經斷到可以用各種匪夷所思的角度旋轉，而腳已經碎光光了，腦袋破了一個大洞，眼睛也是快要掉出來了，令人不忍卒睹……

隔天要驗屍時，我們得到一個消息，原來這位大姐大約五十歲，戶籍登記在戶政事務所，也就是說她是居無定所的。而警察聯絡到的家屬是她兒子跟女兒，看樣子大概是高中大學的年紀，自從他們父親拋下他們跟小三跑掉後，他們母親就得了憂鬱症。後來母親說要自己搬出去住，順便勸他們的父親可以回心轉意，兩個小孩都跟外婆住，等到兩個小孩再次得到母親消息的時候，已經是四年後，而且是在殯儀館裡面，遺物就只有警察給他們的一個小背袋還有一張像是遺書的東西。

其實身為局外人的我，看這起墜樓感覺滿生氣，為什麼要選在學生下課的時候，在學校旁邊的大樓自殺呢？難道都不在意小朋友看到會有陰影嗎？難道不知道壓到人的話，她的兩個孩子還有家裡的老母親會賠不起嗎？

之前的兩起墜樓：第一位被霸凌的妹妹，我覺得她問題沒有解決；第二位壓力太大的年輕爸爸，我覺得至少他們家不用再負債，老婆房子賣一賣還可以帶著小孩去鄉下

娘家生活。

而這一起，我不只覺得她沒解決問題，甚至還製造了麻煩，是一種自私到不行的離世！

後來他們並沒有選擇聯合公祭，而是選擇一般葬儀社，收費不菲，但是又草草地帶過。因為完全沒有人跟他們接洽，只有兩個沒出社會的小孩，和一個不方便出門，在家守寡用棺材本辦女兒喪事的老母親。

這行其實有潛規則，當雙方談好如何治喪後，像我們這種局外人是不能多出意見的。畢竟這是生意，雙方合意就好，「擋人財路如同殺人父母」是千古不變的定律。

禮俗那些我不太懂，不過我在冰庫看到的是：沒有縫補，因為這具縫補起來動輒十多萬；沒有化妝，因為只剩一團肉了；也沒有退冰，因為是直接連屍袋一起入殮到棺材裡面；連最後的瞻仰儀容都沒有，也沒有訂禮廳，因為來的只有兩個小孩子。

更可怕的是，我跟那兩個小孩子閒聊的時候，發現葬儀社沒有打折，價錢跟一些全包的行情差不了多少。也是啦！或許在有些業者的眼中這種肥羊不常見了！

最後，要在冰庫前面蓋棺前，她兒子拿出一張當初的遺書，問業者是否可以放進去一起燒。當時我人在旁邊，看著他們把紙放在棺材裡的屍袋旁邊，紙上寫著：「請×××來我喪禮」。

原來，那麼大的陣仗，只是要吸引人注意！只是要吸引一個拋棄她的人注意！只是要吸引一個根本就不會來看她的人注意！

或許這位大姐在頂樓跳下前，想的不是有什麼後果，而是這行為，能不能讓那個人可以注意到她吧？

師父響著鈴鐺，身後兒子拿著相片，女兒撐著雨傘，隨著棺木前往火葬場。我抽著菸，心裡想著，倘若今天這位大姐知道，就算她跳了下來，其實也改變不了什麼，那她還會選擇跳下來嗎？

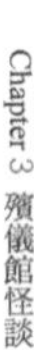

火山孝子

這次要前往的還是某紅燈區的公寓，每次收到要去那邊工作的消息，總會有一種很奇妙的感覺，那裡明明是鬧區但是自殺的真的特別多，不知道為什麼。

或許是在這燈紅酒綠中，特別會讓別人迷失自己吧？

到了現場，看看狀況，大約四到五天，已經開始有屍臭味了，但是還沒有腫脹到很誇張，或許是有開冷氣的關係吧！而發現者又是不知道在衰幾點的房東，但是這房東滿特別的，一直在問冷氣有沒有關，很顯然的是一位愛地球的房東。

其實燒炭一直都是自殺的熱門選擇，但為什麼我對這個自殺者很有印象呢？因為他看起來，真的不太像是一個會選擇自殺的人。往生者只穿一條DK的內褲躺在那邊，旁邊西裝是亞曼尼的，手錶是勞鬼，長夾BV，短夾Gucci，一個小背包LV的。

應該是說往生者生前用的東西，都給人一種其實他過得不錯的感覺，但是他還是選擇以燒炭的方式離開人世，這點我倒是不太理解。

總之，我們的工作就是把他送到一個他最後休息的地方，如此而已，也不會因此而停留太久。畢竟我們若一會就接到電話，下一位需要服務的還等著我們去服務。死亡來臨前是不需要打招呼，也不容許你拒絕它的到來的。

當我們忙碌過後，回到辦公室小歇一會兒。這時候看到來打掃的弟弟，他叫小李，小李身體有些疾病，所以他在社工的輔導下，在這裡工作，每個月還有社會局的補助。

小李工作算是認真，因為外頭願意接納他的企業，應該也不多了。但是他有些缺點，他很愛買名牌，手機都用當季最貴的，身上大大小小的也都是名牌，只是仿的比較多。

某種程度上我覺得他是想要讓大家注意到他。有天我問他說：「你住哪裡呀？」

他回答：「我自己住外面呀。」

我問：「那你家人呢？」

他回答：「他們不想跟我住。」

跟他相處久之後，就知道他為什麼有錢買愛瘋最高階的，但是發燒只去藥局拿藥也不願意看醫生，他就是覺得自己就命一條，沒有就沒有了吧。

小李最近有煩惱，他交了一個女朋友，這個女朋友年紀很輕，常常跟他語音聊天，但是小李都沒看過她。聽小李說，那個女孩家裡有欠債，所以小李常常會寄錢給她。

而這段時間的小李，看起來真的很開心，至少他認為他真的談戀愛了。有一個照片是正妹，聲音是女生的人，每天固定同一個時間會打電話給他，而他的薪水不斷不斷地匯過去。不夠的部分，再去跟朋友借，或是用其他我們不知道的管道借。

這天我回到辦公室的時候，看著小李，他愁眉苦臉地在掃地，我問他怎麼了。

他說那個女孩又被討債了，這次要十萬，他在想辦法籌錢。我聽了笑一笑，請他去外面抽根菸聊聊天。

當我父親往生後，有一段時間，我沉迷在煙花之地。當時只是覺得累了好些年，很想放鬆一下。想想自己一直都沒有女朋友，又快年過三十，因為不想當一個會放火球術的魔法師，所以想去嘗試一下。

然後呢？存款就都沒了。

在那個世界裡面，其實我真的非常開心。

我的女人緣很差，但在那個世界有美女陪我聊天，我才發現，原來牽牽手是那麼簡單，原來親嘴的滋味是這樣的，原來不擅長交際的我可以跟女孩子對話那麼久，原來抱在一起海誓山盟是這種滋味，原來原來……

一切之前都不敢想像的，都成真了。不可思議，只是花錢而已，就把我之前所有沒有經歷過的都嘗過了一遍！

直到我帳戶領不出一毛錢之後，我才知道，一切都是那麼恐怖。

但如果問我後悔那段時間就這樣花光積蓄嗎？其實我不後悔，那段時間教我很多事情。正如我所說，我沒什麼自信也沒有什麼女人緣，家裡沒房也沒什麼太多存款，還有一個生病的父親，說什麼女朋友？根本就不敢交。

那段燈紅酒綠，紙醉金迷的日子，我很清楚都是假的，但是那也是我活得最開心的時候了。

原本空虛的心靈似乎被這種逢場作戲的溫柔填滿了，但是後來我知道我經濟沒辦法支持這種揮霍，所以我走出來了。走出來後的我，其實感覺很差，因為我想到了我外婆。

為什麼可以因為別的女人說喜歡我，就買東西給她，卻很少買東西給一個養我長大，一直關心我的女人？為什麼我可以照三餐送飯給一個跟我演戲的陌生人，卻沒有想過我能不能這樣對我外婆？為什麼選擇用物質滿足別人，讓自己覺得被需要，而不選擇買些好東西，去孝順那個我小時候每次看到她都偷偷塞零用錢給我的人呢？

那個時候真的覺得自己不是爛，是爛透了！在經歷過那次的沉淪之後，我現在只想把最好的東西給我外婆，總是想說她有沒有缺少什麼東西，然後用我最大的能力，去改善她的環境！畢竟，這才是值得我努力去愛的人！

當我說完這個故事之後，小李笑笑，可能他覺得那女孩不是騙他，也可能因為這夢太美，他還不想那麼快醒來。但我覺得最可能的是他學費還繳不夠，也罷，隨緣吧！

反正最差還是我們去收他而已。

隔天驗屍那具燒炭的遺體時，來的除了房東，還有兩個年邁的老人。兩老在冰庫門口哭得極慘，在聽完跟他們接洽的禮儀師說完這個案子的故事後，我看著他們開始思考。

他們是為了唯一的孩子往生而哭泣？

或是為他們的孩子居然將所有錢砸在酒店裡而哭泣？

抑或是為了一些外面的糾纏不清債務而哭泣？

或許答案只有兩老知道吧！

這件處理得很簡單，沒有什麼儀式，三天之內火化。家屬只有兩老，沒有其他同事、朋友，更沒有他砸錢下去的那些小姐。

大殮蓋棺後，葬儀社的人員將遺體推往火葬場，而小李從火葬場方向向我走過來，告訴我他在那邊借到了十萬塊，匯過去之後，他女朋友就要跟他見面了。

火山孝子這件事，挺得過去的，會更愛自己，更愛家人；挺不過去的，留下一堆爛攤子，處理的是那些無語的親屬；而還身處當中的呢？也許就只能看他的造化，看他是否過得了這一關吧！

漫談自殺

千萬不要自殺，自殺太麻煩了！

因為工作的關係，近幾年看過大大小小自殺的，有燒炭、上吊和跳樓等。

先來說說目前最流行的燒炭好了，燒炭的件數真的很多，從往生者家屬與禮儀師的對話來分析，我認為選擇燒炭的多是膽小型的人，這種人通常都希望以原來的面貌離開塵世。

其實不然，選擇燒炭自殺者多是沒有朋友，或親人不關心的邊緣人，所以自殺者被發現的時候多已往生一段時間，全身發黑發臭，而面容都是極為可怖的。

發現者幾乎都是倒楣房東，或是很衰的鄰居，當中有百分之八十是在租屋處發現，百分之十五在車內，其他的在旅館。最扯的情況當然是〈老司機〉那篇寫的，流浪漢跑到別人門鎖壞掉的車上燒炭。

燒炭自殺者死了是一了百了，但是給家屬帶來的麻煩卻很大，光是請人來清理就是分運送遺物費和清理費。便

宜的話，載送一車遺物大概八千，如果屋內的狀況很糟，屍水弄得到處都是，還要加錢。

另外還需要請師父來給凶宅唸經，以中部的行情來說，一場至少四萬起跳，其他地方可能更貴。

車內燒炭倒是還好，如果是剛往生的話，車內清一清就好；如果是隔很久才發現，屍體已經腐爛發臭的，就回天乏術，要直接報廢了。

次多的自殺方式大概是上吊，發現上吊亡者的地點是租屋處和野外各一半。我覺得選擇上吊自殺的人的決心又比燒炭的再強烈一點。在租屋處自殺的其實都一樣，都是等著被倒楣的房東發現。

想起來房東也實在不好當，總有那麼一天，因為某個房客拖欠房租許久又聯絡不上，或者鄰居投訴有惡臭，而打開某個房門，然後看到人全身腐爛地在那邊搖來搖去。真的是有夠悲慘。

選擇野外的人都會在不太偏僻的地方上吊，應該是考量到在有人經過的地方上吊，屍身比較容易被發現吧。換個角度想，也許是深山太偏僻了所以都沒被發現，並不是沒人選擇到深山去上吊……

我曾經看過直接在國小大門前上吊，或是在土地公廟裡和公園涼亭裡上吊的。或許是角度或姿勢的關係，上吊的亡者並不如大家所想的，都會吐出舌頭，但是通常都會大小便失禁。

接下來要說墜樓。我個人認為，那麼多自殺方式裡，就數墜樓的人最有勇氣了，不過下場也極為悽慘就是了。哥目前收過三件，一件六樓，頭骨破裂，腦子直接露出來；一件八樓，串在一根柱子裡，腸子流滿地；另外一個高度更高，來的時候軟綿綿幾乎全碎，屍袋裡面還有一個塑膠袋，裡面都是腦漿。

以上我對所有死法的形容已經算客氣了，我也知道很多人有走不過的那一關，我寫這篇也只是想告訴所有讀者，當你走不過那一關的時候，你會是什麼樣子而已。

每次法醫跟檢察官來殯儀館驗屍之前，我都會打開休息室讓家屬進去坐著休息。那也是我感嘆人生百態的時候。

有些家屬看起來很悲痛，記得遇過一個經濟能力不好的爸爸，一聽到自己肺癌末期就上吊自殺，留下四個女兒在靈堂前哭；有些家屬看起來很生氣，我遇過一個亡者在生前跟所有親戚借了快四百萬，他把錢都揮霍完後在租厝燒炭；有些家屬則是一臉茫然感覺莫名其妙，記得一個家屬說大概二十年沒見面的弟弟突然上吊，他來認屍的時候根本認不出來；還有一些眼神呆滯，只是坐在那裡哭的，這種的看起來最絕望，他們都不是家屬，而是找不到家屬，或家屬不願意處理而被迫出面的房東們。

我的職業生涯中，遇過屍身狀況最好的，是一個阿宅。這個阿宅不是自殺，是暴斃。他的媽媽叫他吃飯沒有回應，於是進房去才發現他已經往生三個小時了。

記得那天法醫帶著新人來驗這個阿宅的遺體，我剛好在裡面幫忙。法醫一看就說這亡者死前有打過手槍。我一聽嚇了一跳，想說怎麼那麼厲害？那個新人也是嚇一跳，想說到底哪裡可以一眼發現他有打過手槍？

後來法醫指著他下面，我跟上去一看，可惡，原來是衛生紙還黏一點在上面呀……

自殺未遂

有天我放假，就約了一個很好聊的女網友出來吃個飯聊個天。那個小妹妹也答應了，於是我就開車跨越兩個縣市去找她。

我在她家樓下等了好久，大概二十分鐘吧，就當我想說該不會又被耍了，準備離開的時候，終於接到她打來的電話，叫我上樓。

我心裡是既緊張又興奮，畢竟身為肥宅，我從來都沒有跟女網友共處一室的機會啊！

女網友開門，是個年輕的妹妹，我心裡暗爽：「哇，正妹來著呀！」

但她臉色卻很蒼白，也不說話，也不招呼，只是把門打開讓我進去。一進她房間，我心裡只有一個念頭：「哇，正妹的房間很不一樣，特別有個性，東西隨性擺放，連地上都像擺過八卦陣一樣，要走都不是很簡單，肯定是怕有歹徒入侵才需要在門口擺陣。」

我把路上買來的小吃攤開了邀請她一起吃，這個妹妹顯然很餓，看她吃飯的樣子，我就盡量吃慢點，因為我覺得她很有可能還需要我手上的那碗滷肉飯。

趁她大吃特吃的時候，我環視四周，觀察她房間的格局：這是一間小套房，亂中有序，有兩隻貓蹉伏在衣櫃上，床上攤擺著一堆衣服，當中還有內衣之類的貼身衣服。

我吞了吞口水，心想這個妹妹還滿狂野的。

床旁是書桌，書桌旁是浴室。我收拾案發現場慣了，對雜亂的環境早已免疫，所以認真看才發現書桌很凌亂，好像有人在房裡打過架，把桌上的東西都打亂了一樣；至於地板，則給我一種很親切熟悉的感覺，因為滿滿都是乾掉的血跡。

「正妹的血不應該是粉紅色的嗎？」這是我當時的念頭。

我扒了幾口滷肉飯，一邊吃一邊想，越想越不對勁，

才驚醒：「咦?! 不對呀，這裡怎麼像是遺屋之類的？不是亂中有序呀，是死過人一樣！」

我轉頭看著那個正妹，先排除她已經被分屍這個可能性，因為她吃滷肉飯的樣子看起來真的不像。於是我的視線往下，捕捉到她手上的割痕，嗯滿專業的，割腕割靜脈，這樣就比較不會痛。

我問她：「自殺失敗唷？」

她笑著點點頭，我看著地板：「死人屋清過，活人屋沒清過，等等幫你清好了。」

她一樣笑著點點頭，繼續吃飯。她自殺的原因，我不難理解，因為之前就跟她聊過，知道是感情問題。

自殺成功的我看多了，自殺沒成功的我第一次看到。

吃完飯後我開始打掃，而她去睡覺補眠。我邊掃邊想，別人約炮是吃燭光晚餐，我則是在血泊中吃飯；別人約炮帶著保險套跟衛生紙擦東西，而我是戴著手套跟毛巾在擦地板……這樣想想地板變得好擦了，為什麼？是眼淚，我加了眼淚！

我花了大約二十分鐘的時間，把房裡可以用來擦東西的毛巾都用完之後，我問她：「衣服可以借我兩件嗎？只要再兩件衣服我就可以打掃乾淨了！」

她抵死不從。女生好像都這樣，就算想死衣服還是要乾乾淨淨的。

不過當天我倒是有種覺悟，我很慶幸平常都在處理死人的房子，因為處理活人的房子還要聽她說什麼不能清什麼要放哪裡之類，真的很煩。

我索性不理她，拿張椅子自己看電視。但我也一邊偷偷觀察她，一個白白淨淨的女生，僅穿著汗衫內褲躺在床上，旁邊恰恰好一個保險套。

我心裡想，這該不會仙人跳吧?!

於是我眼觀鼻鼻觀心，默默地把電視頻道一台一台地轉來轉去，就這樣過了三個小時，才放下心來。如果真的是仙人跳，外面準備衝進來的兄弟應該等到睡著了才對！

在這段時間裡，我不時觀察她是否還在呼吸，深怕她突然間就掛掉了，我就跳黃河也洗不清；偶爾也看看垃圾袋裡是不是有屍塊，深怕自己從約炮變成分屍案的幫凶；最後再觀察她到底是死人還是活人，否則隔天新聞就會是「痴情宅男伴屍二日」……

我本來想說等她起床後跟她一起抽根菸就走，但她醒來就哭著求她那個有了新歡的男友回來她身邊，我就心軟了，心想應該再陪她一下。

我們到套房樓下去抽菸聊天，我們聊著自己的荒唐往事。說起我生病了，很喜歡追外面的小姐，單方面地付出，最後卻一場空；說起她生病了，很喜歡別人付出，享受那被呵護的溫柔。

我說我輩子覺悟了，什麼愛情之類的機會永遠不屬於我，我這輩子只打付錢的炮；她說她曾經像行屍走肉，再醜再肥再老的她都約過。

聽到這句話，我精神一振，眼睛一亮，心想：「有戲了！老肥醜，我完全符合！」

後來她問我要不要在她套房過夜的時候，我肯定是很開心地說好啊！

這一夜，真的很難熬。還記得上一次，有女生在我身邊睡得那麼熟的時候，是我們一起去看《刺陵》這部電影。今天的場景跟上次如出一轍，她睡到有剩，我卻很亢奮，心裡一直想著：「大師兄啊，三千可以解決的事情，千萬不要花十幾萬啊！」

但我還是忍不住地抱了她，她馬上就推開我的手說：「快睡，明天帶你去吃好吃的炸雞，我只想跟你分享那個好吃炸雞。」

被拒絕後，我心想自己真的很骯髒，原來要單純地跟一個人相處，是那麼不容易。她只是想找人分擔心事，我卻滿腦子摸奶打炮。

還記得那晚睡前聊天，我跟她說我不相信「善有善報，惡有惡報」這種事情。她問我為什麼？我說：「帥的

人用幾句話就騙你炮，而我一整天下來對一個陌生人噓寒問暖，兼打掃家裡卻什麼鳥都沒有，努力付出跟屎一樣。」

現在冷靜下來後回想我當時說的話，心裡只有兩個字：「噁心！」

這一夜我沒有睡也睡不著，只好期待早上，有那個美味的雞翅，希望吃起來，是一種純真的味道。

我沒有報警，也覺得沒有必要報警。對於一個想不開的人來說，警察是沒辦法幫助他的。「自殺不能解決問題」這句話，必須是在足夠了解對方的生長背景，清楚他當下所面對的困境，並且自認有能力幫助他的情況下，才有資格說。

我能做的就是陪她說說話，盡力逗她笑。至於她的決定，我只能尊重。

圓圈後面的世界

這天，我們接獲警察的通報，去接一具上吊的遺體。

接體的過程沒什麼特別，沒有遺體發黑的恐怖畫面，沒有令人作嘔的屍臭味，也沒有特別可怕的案發現場。

單純是工作回家的老母親，打開家門看到客廳沒有開燈很陰暗，想起今天休假沒去打零工的兒子不知道在哪裡，於是走到客廳的角落看了看，才找到掛在那裡已經不會說話的兒子。

來殯儀館驗屍的，就是這位老母親，她已經是一個很老很老的老奶奶。驗屍當天，她提著玉蘭花籃，站在我們冰庫的門口瑟瑟發抖，因為她將要面對，她生命中唯一兒子的死亡。

她看到兒子的遺體後哭得肝腸寸斷，在快哭暈的時候，我們把她抬到旁邊，問她還有沒有其他的家屬？

奶奶搖搖頭，似乎想到什麼傷心事，又開始哭了。

說真的，在這裡工作的每天會遇到的傷心事太多了，要難過說不定也輪不到幫她難過，但是到了隔天探視遺體

的時間，我才發現這家人不一樣。

這天探視的時間一到，老奶奶就來了，帶著一個早餐店買來的漢堡跟她的玉蘭花籃，就要進去看遺體。進門之前，我把奶奶攔下說：「奶奶裡面不能吃早餐唷。」

奶奶說：「我要給我兒子吃的。」

我聽了後跟她說：「奶奶這裡是冰庫，冰遺體的，你要祭拜的話要去安一個牌位，然後放在桌上就好啦！不能在這裡祭拜啦！」

奶奶看著我說：「我沒錢安牌位。」

我呆了一下，看著奶奶哀傷的眼睛，想了想才說：「奶奶等等你東西放在手上，心裡想說什麼直接默唸，不可以拿香。」

奶奶感激地點點頭。

探視時間十五分鐘，她就在裡面哭了足足十五分鐘。她的手上拿著漢堡，好像有說不完的話跟她兒子說，說到我們提醒她時間到了，她才擦了擦眼淚，拿著漢堡走出去。

那天我剛好要去送資料，所以走在她後面，看著她把漢堡吃了後，帶著玉蘭花籃，往門口的方向走了出去。

我回到辦公室，問了問老大：「安牌位很貴嗎？」

老大想了想：「請個師傅大概三千，工具成本那些大概兩千，你要問那個老奶奶她兒子的話大概兩萬吧。」

我聽了滿驚訝的，原來老大數學強成這樣，我隨意考了老大一題：「老大，16×16等於多少？」

老大說：「196。」

我心想沒錯呀跟台大教授算的一樣，怎麼三千加兩千會是兩萬呢？

老大看我滿臉問號，就跟我說：「這邊的計算公式是成本加上業者那面招牌。」

我想了想那家業者，才驚覺：「哇！其實兩萬還是打過折了呢！」

我就再問老大說：「我記得某家常常幫助甘苦人，如

果我把奶奶介紹給他的話……」

老大看了我一眼：「你想死嗎？擋人財路的事情在這條路上千萬不要做！」

唉，也是……

老奶奶也是很有毅力，日復一日地帶著漢堡來。到了第三天，老大終於受不了，冰庫裡莫名其妙多了一張椅子；我也終於受不了，每當老奶奶進去探視的時候，我都在外面把風。

這都不是我們的分內事，我們也不是非得要幫忙，但是每次想起老奶奶離開時的感激眼神，以及硬要把三十元的漢堡塞給我們兩人吃的舉動，我們就覺得願意為她多做一些事。

出殯的前一天，老奶奶也來了，但這次沒有哭很久，反而主動找我們聊天，說起了他們家族的詛咒。我一聽「詛咒」二字，精神就來了，連忙問她是什麼樣的詛咒？

她說，她們家從小就很窮，她還小的時候，爸爸就上吊走了，媽媽一人無法養育她，於是把她送給別人當養女。長大之後，她嫁了一個窮老公，生了一男一女。有一天，她們家的錢被詐騙集團騙走了，所以她老公也上吊了。女兒因為嫁得也不好，所以也是上吊走的。剩下的這個兒子很老實，平常打打零工，有工就做沒工就休息，也沒有想娶老婆，很認分，看起來會這樣過完他的一生。

所謂「窮不過三代」，他們家人對這句話很有感，因為窮到第三代就沒錢娶老婆了，自然就不會有第四代。

只是不知道為什麼一家人都選擇上吊？

奶奶說她年輕的時候，也想過要上吊。她說，被繩子圍起來的那個圓圈後的世界，變得不一樣，似乎有人在那個世界向她招手，告訴她說，圓圈後的那個世界，不用辛苦工作，不用為三餐苦惱，也不會被病痛纏身。

她想上吊的時候，她老公才上吊過世不久，她透過繩子看到老公跟爸爸向她招手。她感覺到那個圓圈有股吸引力，吸引她再往繩子走一步，這時突然有股力量把她往後

拉一拉，她回頭往後看，看到了她的兒女，頃刻間，圓圈後那迷人的世界消失了，只留下殘忍的現實要去面對。

奶奶說，不知道是什麼原因，他們家人都有自殺的基因。她看著在退冰的兒子，告訴我：「去了那個世界的人，一定沒煩惱了。你看，他是笑的。」

我聽她的話，轉頭看著躺在那裡微笑的中年男子，一語不發。

她兒子出殯的那天，她送我們一些玉蘭花，然後就一個人默默地往火葬場走去。我們看著她的背影，心想，如果這次她還起了看看那個世界的念頭，不知道有沒有什麼人可以拉住她？

同一天，我們接獲通報去某處接體，我們開著車，一路上聞著車上的玉蘭花香味，想著奶奶的話。

到了接體現場，發現又是上吊的屍體。我想到了老奶奶的話，於是繞到屍體的前面去看往生者的臉。

「靠夭！為什麼看起來也是笑的呀……」

除夕

還記得有一年除夕是我當班，我早在除夕前六天就知道當晚的班底有誰了，畢竟做七的時候禮儀師跟師父都會到，還算滿好猜的。

而這年的冬天不知為何，特別冷也特別多人往生，送到我們家冰庫都快滿出來了，也算是一種哀傷的生意興隆吧！

除夕當天，我上下午四點到晚上十二點的班，於是我買了一堆水餃，因為我算算，那天要來陪我的人應該不少。我心想，不能在家裡吃年夜飯至少讓大家有水餃好吃吧！誰知道這天晚上，卻是異常地忙碌……

這行就是這樣，沒事的時候很閒，但是一有事就是忙到不可開交。特別是要吃飯的時候，事情就會來了。這天我煮好水餃，正要端出來的時候，接體車就開進來了。

那晚的場景我至今仍然記憶猶新，一般來說，一個班要收到雙位數不容易，但是那天，我一共把十位往生者送進去休息。也因為是除夕夜，就像老人家所說的：年關難過，很多老人家在季節交替的時候，身體都會受不了，而

原本應該一家人開開心心地在家吃年夜飯的時候，他們卻是在殯儀館這地方接受生離死別的洗禮，看了就很難過。

這晚的案件很多，而當中有兩件令我感到匪夷所思：一件燒炭，一件上吊。

燒炭那位是警察通報我們派老司機去接的，老司機把他接回來後就不斷地跟我們說那件多麻煩。因為這次的接體是在鬧區大樓中其中一間套房，他們去到的時間，已經是很多人開始沉浸在年節氣氛的時候了，可想而知，老司機的出現對那一個社區來說多麼煞風景。

聽老司機說當他們跟警察到那邊的時候，每戶的人都探出頭來，看看究竟發生了什麼事情。知情的人也毫不隱藏自己的反應，直呼晦氣，還請他們可以的話，盡量不要經過他家門口。其實大過年的這點倒是可以體諒。

送來我這邊的時候，才知道往生者原來是一個獨自在外租屋打拚的人。聽房東說似乎是有些年紀了，找工作不太順遂，一直都是打打零工，房租也被他積欠兩個月了。

他死得無聲無息，還是房東不想被欠房租欠過年，去找他要房租的時候才發現的。而家屬方面，警方說暫時聯絡不到。

等到老司機們進完館要離開冰庫的時候，我才有機會去看看那個往生者，老實說心裡真的有點難過，在這人人團聚的日子中，選擇這樣離開人世，而且連個來送最後一程的親人都沒有，這又是情何以堪呢？

緊接著，接體車又來了，一樣是自殺，不過這次是上吊；不一樣的是，這次門口有很多的家屬。當家屬在等人到齊的時候，我跟禮儀師在閒聊，才發現原來往生者是一個老伯伯，因為得了癌症，經過一次次的化療，癌症卻又一次次地轉移，終於在除夕這天，看著電視發現好似全世界的人都開開心心過節，唯獨他受病痛之苦，於是趁著太太煮年夜飯的時候，一個人在臥室上吊。

發現者是他的兒子，原本開開心心要請父親一起來吃準備好的年夜飯，推開房門一看，卻是一輩子的陰影。

我看著冷掉很久的水餃說，可惜了一桌好菜啊……禮儀師說，就是呀，看來這個除夕他們肯定難忘。

大概十分鐘後，家屬幾乎都到齊了。只能說，子孫成群，原本應該是可以頤養天年的老人，現在已成一具冰冷的遺體，而原本應該是一群在看電視等紅包的孫子，現在都跪在遺體前，看著他們的爺爺最後一面。

這時候，外面開始放鞭炮了，而這一家子卻沒地方可以唸腳尾經。為什麼呢？因為這時候的殯儀館可以誦經的地方已經滿了，每個誦經室都有人占用了。這一夜，悲戚得熱鬧。

這天我一直忙到下一班的來交班，還多加了半小時的班。結束的時候，我才有空吃冷掉的水餃，下一班的人問我冷掉的水餃好吃嗎？我說，其實今天看了那麼多後，我發現我現在不是在吃水餃，而是在體會活著的感覺。

能夠平平安安，健健康康活著，真的很好。至少回家後，還有家人陪我一起過這個年。

後記

我的作品，我的故事

我的作品，我的故事

我沒有想過，我有一天會寫作，還出書。這本書對我的意義，也許就像朱亞君總編所說，是用來祭祖的。

我書裡寫的都是我在當照服員和接體員時發生的事，我常在想，如果我爸沒生病，我不會想當照服員；如果我爸沒過世，我也不會想來殯儀館工作。

我爸年輕的時候沒教我什麼，但他生病之後，我人生卻因他而改變，我為他而去做那些我從來都沒有想過的事情。

我爸對我影響真的很深，記得還小的時候，老師說不可以說謊，我奉為天旨，所以有個叔叔打電話來家裡，問我爸在家嗎？我說在，然後就被我爸打了一頓。

後來才知道那個叔叔是來討債的，從此我很少接電話。

我不明白為什麼有時候可以跟那個叔叔說我爸在家，而有時候又不行；為什麼有時候他是我爸朋友，而又有時候變成債主。

還記得有一天，我爸跟我說等等誰來找他都說他不在，我說好。過後一個叔叔出現在家門口，我撒謊說爸爸不在，那個叔叔不相信，直接把我推開跑進我家，然後在廁所找到了他。

我記得那天他們在我家大吵，那個叔叔逼我爸簽了一張東西。離開前，那叔叔看我一眼，說：「那麼小就說謊，你想以後跟你爸一樣嗎？」

我走進家門，看著坐在客廳的爸爸，他只跟我說：「看個門都不會！」

我很難過，我真的很難過。為什麼聽老師的話不說謊會被罵？為什麼聽爸的話說謊也會被罵？我不明白。

國中有一次的段考，我考差了，我回家後偷偷把老師寫給父母的通知信收起來，被我爸發現，他問我為什麼要說謊，為什麼要逃避。我冷笑說：「這些話你敢不敢對債主說？」

他聽到後拿起皮帶就一頓打，不需要別的解釋，只因為他是我爸。

我的印象中，那時候家裡總是有很多債主登門討債，一個離開了下一個就來。我有個任勞任怨的媽媽，也因此，他三不五時就搞出一個麻煩，然後躲起來，等麻煩結束後才回家。

我們家裡總是沒有錢，唯一值得慶幸的，是我的叔伯姑姑們都很幫忙，連我大學的學費都是我姑姑幫我出的。

我上大學後，因為經濟問題，很少社交。有一次我跟同學相約去吃麥當勞，我想說皮包還剩五百，應該很夠。於是我到了麥當勞，點餐後拿起錢包，才發現錢包裡的五百塊已經被我爸偷走了。

哈哈。我居然在麥當勞哭了出來，想起來真的很好笑。一個大男人在麥當勞點了餐，結帳時發現錢被老爸偷走！哈哈哈！

我當時不知道是笑到流淚還是難過到流淚，只知道是同學幫我付錢。我開始賺錢以後，有機會就會請這位同學吃飯，我不會忘記他的恩情，也忘不了那分屈辱。

我跟我爸第一次打架，是我大四的時候，那天我爸先動手打我媽，原因是我媽工作晚回來，我爸懷疑她有外遇。本來那天因為他動手打我媽，我就很生氣，直到他罵我外婆，我終於崩潰去跟他輸贏，打到警察來了，我們才停下來。

這件事後我就帶著我媽和我妹搬走，原以為終於可以擺脫他，但有一天，我回家時發現我爸在我新家裡，原來他是來哀求我媽說他沒地方可去，求我們收留。

我真的被我媽氣死，我不懂我那麼努力把她從地獄拉了出來，為什麼她又要自己跑回去？我跟我爸說，絕對不可以在我家過夜。因為這件事情，我們又打了不少次架，直到他中風了。

他一開始是小中風，左半部不能動，右半部還可以動。他不努力復健，跟我說就算他中風也要拖垮我們。

有次我跟我媽帶他去醫院復健，我們搭計程車，在路上，我發現他右手一直往褲子後面拉，一時沒注意他在做什麼，到了醫院看著一車的排泄物，我呆住了。

我將他抬到輪椅上，然後跟司機大哥道歉，一直對不起地說，司機大哥也喊倒楣，多收我一千就走了。

我跟我媽將他推到廁所換尿布，排泄物沿著走道滴，一路上他哈哈大笑，說他是故意拉開尿布讓我們出糗的。我們一人幫他換尿布，另外一人跟清潔大姐借了拖把，把地板處理乾淨。

我拖完地板，在廁所裡看著鏡子，告訴我自己：「這沒什麼好哭，要笑。如果我哭了，外面的媽媽怎麼辦？快笑呀！快笑呀！你最愛搞笑的怎麼還笑不出來？」

出了廁所，跟我媽說剛剛那個計程車司機臉多歪，多倒楣，然後呵呵傻笑，完全不想搭理我爸。

我跟他幾乎沒深聊過，這是我這輩子最遺憾的一件事情。我小時候也曾經幻想有天長大了，我可以拿瓶啤酒跟他坐下好好談：「你對我的人生做了什麼？」

勉強地說，我們也許曾經有兩次深聊的機會，一次是他二次中風，完全變成植物人的時候。我坐在病床旁，問他是否記得以前的事情，問他說如果我放棄治療，他會怎麼看我這個孽子。

另外一次，是出殯前我坐在化好妝的他旁邊，告訴他說他這輩子已經結束了，告訴他說我沒有再恨他了。真的。我也不會懷念他，無喜無悲，就是我對他的感覺。

反倒是我媽哭得很慘，我在他們身上，看到了什麼是真愛。他們吵了一輩子的架，而我第一次聽到我媽親暱地叫他「老公」，是我爸已經成為植物人的時候。我媽每天照顧他，卻樂在其中，常看到她深情地摸他的頭，或溫柔地幫他洗澡換尿布。

我才知道原來要夫妻之間沒有爭執沒有衝突，必須要有一方不能說話也不能動的時候，才看得到。

也是因為這樣，所以我想起了當年我爸很依賴我媽的同時，其實我媽也是無悔地付出，深愛著他。

記得我爸中風前，我有一次跟我爸又打架了，打完後他氣喘吁吁地瞪著我，然後笑了，他對我說：「你知道嗎？你很像我。你會跟我一樣沒有朋友，你會跟我一樣愛玩愛賭，你會跟我一樣一事無成！」

事後認真想，他說的也沒錯，我是沒什麼朋友，也不喜歡交朋友，愛賭愛玩，感情無法專一。所以有人找我寫書，我就很想把書寫出來，拿到他的靈前跟他說：「爸，你錯了，有一點我跟你不一樣，至少我可以寫出一本屬於我的作品，我的故事。」

我是大師兄，我們下次見。

國家圖書館預行編目資料

你好，我是接體員／大師兄著 --初版.--臺北市：寶瓶文化, 2018.12
面； 公分.--(Vision； 169)
ISBN 978-986-406-141-9(平裝)
1.殯葬業 2.文集

489.6607 107019946

Vision 169

你好，我是接體員

作者／大師兄　企劃編輯／周美珊

發行人／張寶琴
社長兼總編輯／朱亞君
副總編輯／張純玲
主編／丁慧瑋　編輯／林婕伃・李祉萱
美術主編／林慧雯
校對／周美珊・陳佩伶・劉素芬・大師兄
營銷部主任／林歆婕　業務專員／林裕翔　企劃專員／顏靖玟
財務／莊玉萍
出版者／寶瓶文化事業股份有限公司
地址／台北市110信義區基隆路一段180號8樓
電話／(02) 27494988　傳真／(02) 27495072
郵政劃撥／19446403　寶瓶文化事業股份有限公司
印刷廠／世和印製企業有限公司
總經銷／大和書報圖書股份有限公司　電話／(02) 89902588
地址／新北市新莊區五工五路2號　傳真／(02) 22997900
E-mail／aquarius@udngroup.com

著作完成日期／二〇一八年十月
初版一刷日期／二〇一八年十二月十一日
初版五十五刷日期／二〇二四年七月十七日

ISBN／978-986-406-141-9
定價／三二〇元

AQUARIUS 寶瓶 文化事業

愛書人卡

感謝您熱心的為我們填寫，
對您的意見，我們會認真的加以參考，
希望寶瓶文化推出的每一本書，都能得到您的肯定與永遠的支持。

系列：VISION 169 **書名：你好，我是接體員**

1. 姓名：__________ 性別：□男 □女
2. 生日：____年____月____日
3. 教育程度：□大學以上 □大學 □專科 □高中、高職 □高中職以下
4. 職業：__________
5. 聯絡地址：______________________________
   聯絡電話：__________ 手機：__________
6. E-mail信箱：____________________
   □同意 □不同意 免費獲得寶瓶文化叢書訊息
7. 購買日期：____ 年 ____ 月 ____日
8. 您得知本書的管道：□報紙／雜誌 □電視／電台 □親友介紹 □逛書店 □網路 □傳單／海報 □廣告 □其他
9. 您在哪裡買到本書：□書店，店名________ □劃撥 □現場活動 □贈書 □網路購書，網站名稱：________ □其他________
10. 對本書的建議：（請填代號 1.滿意 2.尚可 3.再改進，請提供意見）
    內容：__________
    封面：__________
    編排：__________
    其他：__________
    綜合意見：______________________________
11. 希望我們未來出版哪一類的書籍：____________________

讓文字與書寫的聲音大鳴大放

寶瓶文化事業股份有限公司

（請沿此虛線剪下）

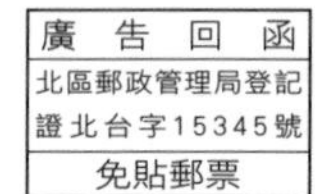

寶瓶文化事業股份有限公司 收

110台北市信義區基隆路一段180號8樓
8F,180 KEELUNG RD.,SEC.1,
TAIPEI.(110)TAIWAN R.O.C.

（請沿虛線對折後寄回，或傳真至02-27495072。謝謝）